跨流域调水工程突发水污染应急调控关键技术与应用

雷晓辉　权锦　王浩　蒋云钟　等　著

·北京·

内 容 提 要

南水北调中线工程可解决河南、河北、北京和天津4个省市的水资源短缺问题，供水水质状况直接关系到诸如北京等省缺水城市居民的用水安全。然而当前水源区、总干渠沿线区域存在多类型水质污染风险源，一旦发生水质污染事件，除了可能导致中断输水、生活及生产水资源需求无法满足外，还可能产生难以估量的经济损失。本书针对跨流域调水工程输水距离长、调蓄能力薄弱、供水水质要求高、跨多地域、跨多部门等特点，重点针对跨流域调水工程突发水污染的应急调控关键技术开展研究，并进行应用。研究成果可为南水北调等跨流域输水工程其输水水质保障提供科技支撑作用。

本书读者对象主要为应急管理、突发水污染处置、水资源调度等相关专业的教师和研究生，以及长距离调水工程运行调度与管理领域的技术人员。

图书在版编目（CIP）数据

跨流域调水工程突发水污染应急调控关键技术与应用/雷晓辉等著. -- 北京 : 中国水利水电出版社, 2017.5
ISBN 978-7-5170-5476-4

Ⅰ. ①跨… Ⅱ. ①雷… Ⅲ. ①跨流域引水－调水工程－水污染－突发事件－处理 Ⅳ. ①X52

中国版本图书馆CIP数据核字(2017)第131135号

书　名	**跨流域调水工程突发水污染应急调控关键技术与应用** KUALIUYU DIAOSHUI GONGCHENG TUFA SHUIWURAN YINGJI TIAOKONG GUANJIAN JISHU YU YINGYONG
作　者	雷晓辉　权锦　王浩　蒋云钟　等著
出版发行	中国水利水电出版社 （北京市海淀区玉渊潭南路1号D座　100038） 网址：www.waterpub.com.cn E-mail：sales@waterpub.com.cn 电话：（010）68367658（营销中心）
经　售	北京科水图书销售中心（零售） 电话：（010）88383994、63202643、68545874 全国各地新华书店和相关出版物销售网点
排　版	中国水利水电出版社微机排版中心
印　刷	北京瑞斯通印务发展有限公司
规　格	184mm×260mm　16开本　8.5印张　191千字
版　次	2017年5月第1版　2017年5月第1次印刷
印　数	0001—1000册
定　价	**38.00**元

凡购买我社图书，如有缺页、倒页、脱页的，本社营销中心负责调换

版权所有·侵权必究

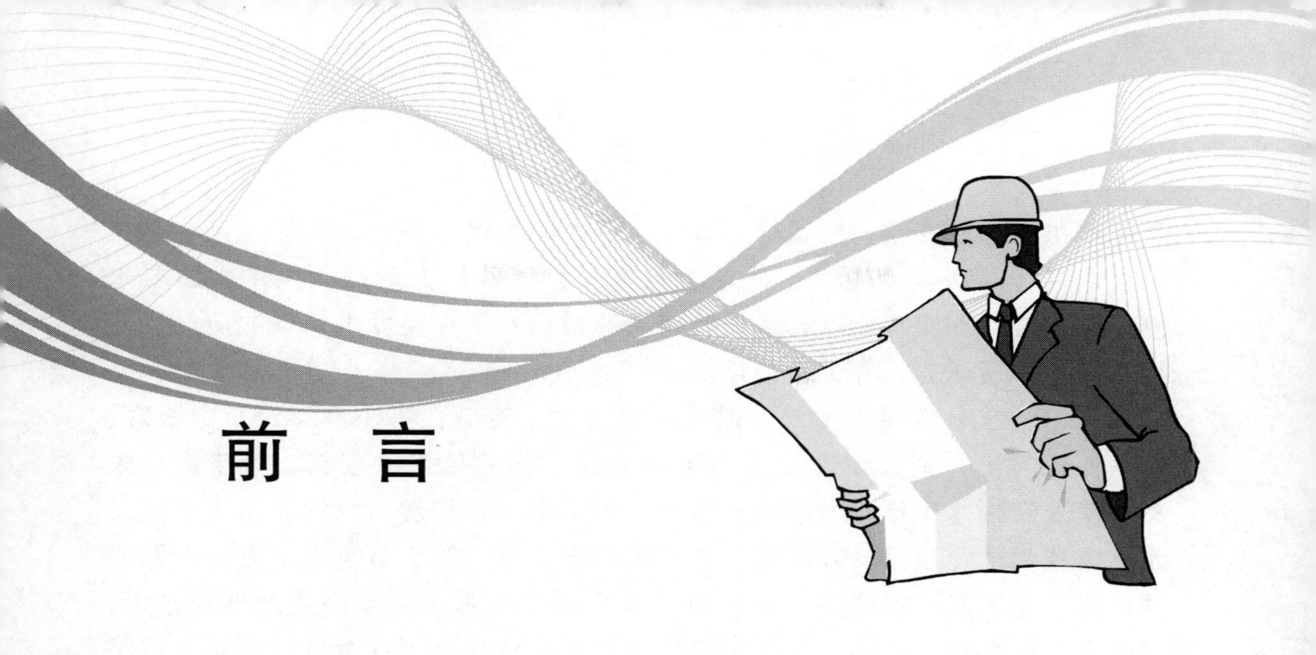

前　言

突发事件应急管理（又称危机管理或公共安全管理等）是近年来管理领域中出现的一门新兴学科，是一个综合了运筹学、战略管理、信息技术以及各种专门知识的交叉学科，是针对突发事件的决策优化的研究。

南水北调工程是世界上最大的跨流域调水工程，它具有调水线路长、调水规模大、涉及区域广、参与工程多、供水水质要求较高等特点。南水北调工程是缓解我国北方地区水资源短缺、实现水资源合理配置、保障经济社会可持续发展、全面建设小康社会的重大战略性基础设施。

南水北调工程的任务主要是向供水对象提供城市生活用水和工业用水，供水水质状况直接关系到京津冀苏豫鲁等省缺水城市居民的用水安全。根据国务院批准的《南水北调工程总体规划》，要求中线工程全线输水水质达到国家地表水Ⅱ类水质标准。

南水北调中线一期工程已于2014年12月12日通水，水质安全保障标准高，如何永久保障地表Ⅱ类水质标准是实现工程效益的关键。然而当前总干渠沿线区域存在多类型导致水质不达标的风险源，一旦发生水质污染事件，除了直接中断输水，导致水资源需求无法满足外，还可能产生难以估量的经济损失。

所以除了积极组织实施水污染防治规划外，通过应急调控来降低上述风险源对输水水质的影响显得尤为重要，具体体现为：①发生突发性水污染事件时，通过科学的应急调控方式，尽可能控制事件影响范围和影响程度，减轻事件危害程度；②水质达标出现波动临界状态时，通过科学调控在一定程度上提高中线总干渠的水质达标程度；③正常状况下，通过科学调控，在保障干线各分水口门的分水水质满足饮用水水源的安全前提下，实现河库-渠泵闸群供水水质安全与水量安全等多目标之间的优化协调。

本书针对跨流域调水工程输水距离长、调蓄能力薄弱、供水水质要求高、跨地域跨部门等特点，重点针对跨流域调水工程突发水污染的应急调控关键技术开展研究，并进行应用。

本书各章节撰稿人员为：前言，雷晓辉、秦韬；第1章绪论，雷晓辉、王浩、蒋云钟；第2章突发水污染应急调控技术体系，权锦、雷晓辉、朱杰；第3章输水干渠水力学模拟技术，雷晓辉、郑和震、权锦；第4章突发水污染模拟预测技术，郑和震、雷晓辉、王家彪；第5章突发水污染追踪溯源技术，王家彪、雷晓辉、郑和震；第6章突发水污染闸门应急调控技术，雷晓辉、孔令仲、权锦；第7章突发水污染应急调控指挥系统，权锦、雷晓辉、刘柏君；第8章结论与展望，王浩、雷晓辉、蒋云钟；全书统稿，雷晓辉、权锦、刘柏君。

书中难免存在不足之处，恳请读者批评指正。

作者

2017年3月

目 录

第1章
绪　论

1.1　应急管理定义

应急管理（Emergency Management），通常又称作危机管理或灾害管理。应急管理作为一门新兴的学科，目前还没有一个被普遍接受的定义。下面将试着归纳国内外机构和学者对应急管理的相关定义。

1. 相关机构对应急管理的定义

较具代表性的有美国联邦紧急事态管理局（FEMA）的定义：紧急状态系指任何由总统确定，需要联邦政府帮助，加强州政府和地方政府的工作和能力，以拯救生命、保护财产、保护公共卫生和安全，或者降低或转移美国国内任何一次灾难的威胁的事件或事故。相应地，应急管理是组织分析、规划、决策和对可用资源的分配以实施对灾难影响的减除、准备、应对和恢复。其目标是：拯救生命；防止伤亡；保护财产和环境。澳大利亚紧急事态管理署提出了紧急事态风险管理的内涵：紧急事态风险管理是一个处理因紧急事态事件引起的社区风险的过程。它是识别、分析、评估和治理紧急事态分析的系统性方法。这一过程的5个主要行动包括建立背景、识别风险、分析风险、评估风险和治理风险，它们受到两个保障性行动的支持，一是通信和咨询，二是监控和审查，从而确保其目标的实现。

2. 国内外学者对应急管理的定义

詹姆士·米切尔认为，应急管理是指，为应对即将出现或已经出现的灾害而采取的救援措施，这不仅包括紧急灾害期间的行动，更重要的是，还包括灾害发生前的备灾措施和灾害发生后的救灾工作。布朗查德等人认为，应急管理是一种管理职能，它致力于创建一个框架，在此框架内降低社区对灾害的脆弱性，并得以处置灾难。凭借处置各种灾害和灾难的能力，应急管理寻求增进安全性，减轻脆弱性。计雷等认为，应急管理是在应对突发事件的过程中，为了降低突发事件的危害，达到优化决策的目的，基于对突发事件的原因、过程及后果进行分析，有效集成社会各方面的相关资源，对突发事件进行有效预警、控制和处理的过程。万鹏飞认为，灾害的应急管理由4个环节构成，它们是预防、应对、恢复、减灾。

另外，国内外学者从危机管理等不同角度进行了研究。菲克（Fink）认为，任何防止危机发生的措施皆为危机管理；任何为了消弭危机所产生的风险与疑虑，而使人更能

主宰自身命运的手段或措施，皆可称为危机管理。简言之，“危机管理”就是一种应变准备。张成福指出，所谓的危机管理是一种有组织、有计划、持续动态的管理过程，政府针对潜在的或者当前的危机，在危机发展的不同阶段采取一系列的控制行动，以期有效地预防、处理和消弭危机。这一定义得到了学界较为普遍的认同。肖鹏军认为，公共危机管理应是：政府或其他社会公共组织通过监测、预警、预控、预防、应急处理、评估、恢复等措施，防止可能发生的危机，处理已经发生的危机，以减少损失，甚至将危险转化为机会，保护公民的人身安全和财产，维护社会和国家安全。

这些概念表述各有侧重，不尽相同，但可以归纳为广义和狭义两类。狭义的应急管理仅涵盖应急处置这一个环节，即为了应对突发公共事件而实施的一系列的计划、组织、指挥、协调、控制的过程。其主要任务是及时有效地处置各种突发事件，最大限度地减少突发事件的不良影响。广义的应急管理涵盖突发公共事件的预案管理、风险管理、预警管理、应急处置、恢复重建、应急管理的评价、反馈与改善等一系列环节，是一种对突发公共事件的全过程管理。它是在突发公共事件的爆发前、发生时、消亡后的整个周期内，依照既定的应急预案，通过事前的风险减缓、监测评估、预警、准备；事中科学、及时的决策、指挥、调度和协调，向公众提供紧急救助信息和服务；事后的理赔、恢复重建、评价、反馈与改善等工作，以实现用科学的方法对其加以干预和控制，使其造成的损失降到最小。

1.2 应急管理国内外研究现状

突发事件应急管理是近年来管理领域中出现的一门新兴学科，是一个综合了运筹学、战略管理、信息技术以及各种专门知识的交叉学科，是针对突发事件的决策优化的研究，国内外研究现状如下。

1.2.1 国外突发事件应急管理研究现状

不少发达国家均设立有专门性应急管理机构，统一应对和处置紧急事态。如：美国成立联邦紧急事态管理局；英国新成立的内阁办公室的国内紧急状态秘书处；俄罗斯有联邦安全会议和紧急事务部，等等。

在应急管理的理论模式研究方面，罗伯特．希斯（Robert Heath）构建了危机管理的壳层结构模型。弗朗西斯．J. 玛瑞（Raneis J. Marra）建立了危机公关模型。夏保成等提出了综合应急管理模式。这些模型是对应急管理与其中某个要素之间的关系进行静态的单一分析，缺乏对危机管理全面整体的模式分析。

Rosenthal Uriel、Charles Miehael T 等构建了灾害风险综合评估的框架体系，包括灾害所对应的风险系统评估后的综合评估，每个系统的评估是在考虑防灾减灾措施下采用信息扩散技术进行的信息处理和评估。

Simosi、Maria、Peter T Allen、Vaughan 就区域环境风险管理问题开展了实证研究。

Thomas D. S. K. 和 S. L. Cutter 等探讨了地理空间信息技术在快速应对“9·11”恐怖袭击这类突发事件中的应用，并作了实证分析。

Harrison C.、M. Haklay 指出环境风险管理的目的是在行动方案效益与其实际或潜在的风险及降低风险的代价间谋求平衡，包括制订风险管理计划和防范措施。

La Porte R 等认为，反生物恐怖包括对生物恐怖的预防、早期发现、及时控制和预后处理，它所需要的主要也是公共卫生和流行病学预防和控制突发性大规模传染病流行的策略和方法。

Lenneal J. Henderson 发展了结合灾害、混沌和应急管理理论的概念特征矩阵，以及组合了 8 个社会部门和 4 个应急阶段的发展中国家应急管理矩阵模式。

David Rooke 介绍环境局是英格兰和威尔士负责减轻洪水风险的主要机构。该局于 2003 年 10 月印发了洪水风险管理策略计划，提出了由防御洪水向洪水管理转变的工作构架。强调必须优先考虑采用 6 项工作措施，即更加富有成效的战略性举措、防范不合理的开发活动、对 160 亿英镑的防洪工程进行终身管理、更好地进行防洪综合管理（从公众水患意识、洪水预警到灾后重建与恢复）、提高沟通效果、改进商业运作的效率和成效等。

1.2.2 国内突发事件应急管理研究现状

就我国情况来看，经过多年坚持不懈的努力，我国针对特定危机的管理部门已经基本建立起来，直接涉及应急管理的主要机构有几十个部门。而针对不同种类的自然灾害，分别有不同的部门负责。在联合国国际减灾十年（1990—2000 年）的号召下，我国于 1989 年成立了“中国国际减灾十年委员会”，标志着我国减灾工作由单一灾种被动的预报救援重建到多灾种主动的综合应急管理的过渡。2000 年“国际减灾十年”结束，“中国国际减灾十年委员会”更名为“中国国际减灾委员会”。2005 年 4 月 2 日，“中国国际减灾委员会”又更名为“国家减灾委员会”，时任国务院副总理回良玉任委员会主任，相关各部部长任副主任。可见，我国对灾害管理的重视程度在不断加大，灾害管理机构的级别在不断提高。

申海玲、程声通提出了环境风险评价的程序，指出故障树分析法是一种行之有效的分析评价技术。

何建邦、田国良主持参与的“八五”国家科技攻关相关研究项目应用遥感（RS）和地理信息系统（GIS）技术建立了重大自然灾害监测与评估信息系统，对 1991 年以来发生的洪水、干旱、林火等进行监测与评估。

郭文成、钟敏华和梁粤瑜提出环境风险评价包括源项分析、环境途径、风险评价和风险管理 4 部分。

张成福提出了公共危机管理的全面整合的模式。朱坦、刘茂和赵国敏等认为，城市公共安全规划研究的理论基础是风险理论，并提出建设和建立城市公共安全系统以应对可能的突发事件。

刘铁民等认为，应依据生产安全事故的预期后果、影响范围、事态控制和事件的性

质，实行预备（Ⅰ级）、专业启动（Ⅱ级）和国家启动（Ⅲ级）三级响应机制。

王学军指出政府危机管理体系应该涵盖危机的预警准备、危机的应急反应和危机后的恢复重建 3 个系统。

史培军、王静爱和周俊华提出了平衡大都市区水灾致灾强度与脆弱性的基本土地利用模式和“政府—企业（社区）—保险公司”相结合的风险管理模式。

刘铁民论述了应用定量风险评价（QRA）对评价、控制低概率重大事故风险的重要意义，提出了在应用 QRA 评价重大风险时应注意的主要技术问题。

魏臻武等在青海牧区开展了牧区灾害风险管理项目活动，介绍了青南牧区灾害风险管理策略的制定和实施内容。

史培军提出了建立中国综合风险管理体系，构架综合风险管理的“结构—系统”动力学模式，要从横向综合、纵向综合和时空综合 3 个角度去进行研究。

黄崇福提出了综合风险管理的梯形架构，它从下往上分别由风险意识块、量化分析块和优化决策块构成。在此基础上，周健等分析了我国风险管理机构体系的现状和存在的问题，提出了我国综合风险管理政府机构体系建设和综合风险管理科研机构建设的相关建议。

薛晔等提出了由阶段、灾害风险种类和级别组成的城市灾害综合风险管理的三维模式——阶段矩阵模式。

于春全论述了 2008 年北京奥运会交通运输系统的开发与建设，指出要完善突发事件应急交通保障预案和紧急车辆调度手段，保证一旦发生意外及时报警，及时启动应急预案，确保应急交通畅通。

吕建波等指出城市公安消防管理部门目前应该解决的是城市消防灭火突发事件应急预案信息系统。

张维平提出突发公共事件社会预警机制的建构要求具有科学的防范性、整体的系统性和操作的实用性。

张继权等指出综合自然灾害风险管理是目前国际上防灾减灾和灾害管理较先进的措施和模式，并据此提出了对我国实施综合自然灾害风险管理的建议。

杨洁、毕军等以环境风险系统的组成及环境风险事件的发生过程为研究基础，讨论了环境风险区划的步骤、指标体系和方法，并进行了相关实证研究。

沈荣华就如何创新城市应急管理模式提出了思路。赵成根在分析了国外大城市危机管理模式的基础上，总结出国外大城市危机管理的主要特点有：①全政府型综合危机管理系统；②全社会型危机管理网络系统；③完善的危机应急系统；④危机反应机制。

1.3　国外大型长距离调水工程应急管理

美国联邦能源管制委员会大坝安全及检查处工程师林祥钦介绍，为避免水坝保安措施的不足及人为的疏失，美国政府开始推动“水坝安全之破坏风险评估”。

C. Y. Cheng 等基于模糊综合评价方法建立评价模型，对突发水污染时的应急措施是否可行进行评价，评价指标是完整性、可操作性、有效性、灵活性、快捷性、合理性6个，并未涉及应急措施实施效果的评价。

Motahareh Saadatpour 等基于模拟仿真结果提出了水库发生不同程度污染后应采取的应急措施。

James P. Dobbins 开发了内河航运事故性污染风险管理的决策支持系统。美国针对突发事件研发联邦应急信息管理系统，将电子邮件系统、计划管理系统、报告系统、GIS 系统以及有毒物质危害模型等相关系统模型进行集成。

1.4　我国跨流域调水工程应急管理及其存在问题

聂艳华在南水北调中线干线工程针对严重突发水污染制定多种应急调控方案并进行模拟时，综合分析比较最大壅高水位、总退水量、渠段水位稳定时间、稳定水位与目标水位差值等参数，得出相对较好的应急控制方案，但并未建立定量评价模型，只是简单的比较。

魏泽彪在南水北调东线小运河针对某一突发水污染工况进行几种应急调控方案模拟，仅以是否能控制污染物浓度来比较分析各方案的调控效果，并未建立定量评价模型，且没有评价水力过程。

闫雅飞针对调水工程管理中未充分考虑水质水量的复杂性、不确定性和动态性等问题，从复杂适应系统视角出发分析调水工程系统特性及应急管理途径，建立了调水工程复杂适应系统概念模型。从调水工程事故孕育期、形成初期、发展阶段和全生命过程4种途径实现对调水工程水质水量安全事故的控制，提出了相应的应急管理对策。

长江水利委员会长江科学院2012年编制的《应急调度措施预案研究（咨询稿）》，以及南水北调中线局在此基础上编制的针对各种突发事件的应急调度预案，为南水北调中线工程应急管理提供指导。

陈翔研究了南水北调中线工程应急响应决策支持系统，可在系统平台上对中线工程可能发生的应急事件进行快速的响应和处置。

我国跨流域调水工程应急管理仍存在以下问题。

（1）应急管理的基础理论尚不成熟，技术方法也远称不上完善，模型应用缺乏相关实证证据。

（2）有关调水工程突发水污染事故应急调控预案的研究较少，尚未有针对某一具体突发水污染事故形成相应的应急预案的编制方法。

（3）目前已开发的应急响应决策支持系统功能单一，尚未形成支持突发水污染应急全流程管理的系统平台。

第 2 章 突发水污染应急调控技术体系

2.1 突发水污染事件概述

突发性水污染事件是指突然发生的，由人为或自然因素引起的，污染物介入河流湖泊等地表及地下水体中，导致水质恶化，影响水资源有效利用，造成经济、社会正常活动受到严重影响，水生态环境受到严重危害的事故。突发性水污染事件具有发生前兆不充分、诱因不明确、难以预料、难以控制、危害紧急、损失严重、处理复杂等特征，短时间内很可能造成水源的污染、停水、工业停产等问题，易对社会的生产生活造成巨大的影响与危害。突发性水污染事件的污染源很多，主要分为以下几类：①工业废水，即企业受治污能力的限制造成的污染事故性排放；②综合污水，即企业生产废水、生活污水以及农业废水违规排放，特大暴雨、泥石流等极端自然状况造成的化学污染物扩散，污染水体；③油类污染，原油在开采、加工、运输过程中意外性事故造成的泄漏；④化学物品，包括生物医药、化工、印刷等产业造成的污染；⑤重金属污染，指采矿、工业生产中排放的污染物中含有铅、汞、镉、钴等重金属造成的污染。

长距离跨流域大型调水工程往往有着工程线路长、涉及区域广、调水规模大、水质要求高、调水目的主要为解决沿线众多座大中城市的缺水问题等特点。据不完全统计，全球已建、在建或拟建的大型跨流域调水工程有 160 多项，这些输水工程都成为当地工业、农业、城市和人民生活的命脉。由于调水工程输水线路长，沿线容易发生突发水污染事故。突发水污染具有不确定性与随机性、突发性与阶段性、重大危害性。突发水污染事件对城市供水造成严重威胁，不仅造成重大的经济损失，而且对沿线居民的正常生产生活用水安全造成巨大影响，导致严重的社会公共危机，还对地表水生态系统造成严重破坏。根据《中国环境状况公报》(2005—2014) 数据，突发水污染事故一直是我国环境污染事故的主要内容，近年来的重大案例有 2005 年松花江苯污染、2011 年 6 月新安江水污染、2013 年浊漳河苯胺污染等。

以南水北调中线工程为例，调查分析表明，该工程主要有 5 类水污染风险，包括交通事故风险、恶意投毒风险、地表水污染风险、地下水渗透污染风险、大气沉降污染风险：①其总干渠沿线路渠交叉众多，沿线涉及危险化学品的企业共两千多家，危险化学品运输过程中，一旦发生交通事故，可能导致危险化学品进入干渠，交通事故是造成的水污染事件最大的潜在风险源；②其工程线路较长，沿途经过 19 个大中城市，100 多

个县（县级市），恶意投毒行为也是水污染事件潜在风险源之一；③其总干渠沿线穿过数百条大小河流，暴雨形成的洪水可能导致地表污水直接进入总干渠，致使干渠内产生水污染；④总干渠有内排段长达约403km，内排段地下水能够通过逆止阀门进入总干渠，存在水中污染物通过地下水渗透进入总干渠的环境风险；⑤总干渠沿线存在一定数量的大气污染企业，大气中有毒有害物质有可能通过降水或自然沉降的方式进入总干渠，对总干渠水质存在一定的污染风险。

目前对突发水污染事件的响应，主要包括应急处置和应急调控。应急处置即使用水污染应急处置材料，用吸附法、氧化分解等方法来对水体污染物进行吸附、凝结、收集、净化等处理；应急调控，则是指通过进行工程应急调度，达到减少或阻断上游清水下行、延缓受污染水体扩散、稀释污染以改善水质、截污或引污以便进行处理等目的。

2.2 技术研究进展

2.2.1 河渠水动力模型

Saint Venant 于19世纪通过研究建立了圣维南方程，奠定了非恒定流的理论基础。后期水动力数学模型的发展过程大致分为3个阶段。

首先是20世纪50—60年代，水动力数学模型刚刚开始发展，多为关于水流运动规律的基础性研究工作，以一维数学模型的研究为主，简单的二维模型开始出现。1965年，Ziekiemicz 和 Cheung 将有限元法用于势流问题的解决中。其次是在20世纪70年代二维模型得到进一步研究和推广，开始了对三维问题的研究。这十年间，莱恩德兹提出了半隐格式，巴特勒发展了一种全隐格式，瓦西里耶夫、普列斯曼、艾布特等也提出了各自的数值方法，丰富了水动力学模拟方面的研究。二维的应用性研究在这个时期也得到相应发展，可以用来解决实际问题。从水动力学的纯理论研究发展到对于泥沙运移、盐水入侵和污染物扩散问题的探讨，扩展了数值模拟的研究方向。然后从20世纪80年代至今，二维数学模型的研究和应用日趋完善，三维数学模型的研究迅速发展。

2.2.2 河渠水质模型

水质模型是指用于描述水体的水质要素在各种因素作用下随时间和空间的变化关系的数学模型，是水环境污染治理规划决策分析的重要工具。当发生突发性水污染事故后，污染物进入水体后，在迁移扩散过程中受到水流、水温、物理、化学、生物、气候等因素的影响，产生物理、化学、生物等方面的变化，从而引起污染物的稀释和降解。需要使用水质模型来描述水体的水质要素在各种因素作用下随时间和空间的变化关系，从而预测污染物时空变化过程和危害程度。从1925年出现的 Streeter Phelps 模型算起，到现在的90余年中，水质模型的研究内容与方法不断深化与完善，已出现了包括地表水地下水、非点源、饮用水、空气、多介质、生态等多种水质模型。

河渠中污染物的迁移转化是一种物理的、化学的和生物学的联合过程，相对湖泊水

情形而言，维向要低。其中物理过程包括：污染物在水体中随水流的推移，与水体的混合，与悬浮颗粒如泥沙颗粒的吸附和解吸，随着颗粒的沉淀和再悬浮，随着底泥的输送及其传热、蒸发作用等。其中，重金属在水体中是以分子、离子、胶体和颗粒态存在，它随水—悬浮物—底泥而迁移到下游。

河流中水流特性与污染物迁移转化的研究随着人们对环境问题重视程度的增加发展迅速，从一维到三维、从简单到复杂。

Streeter Phelps 于 1925 年首次建立水质模型，此后对水质模型的发展大致分为 4 个阶段。首先是 1925—1965 年间开发了较为简单的 BOD－DO 的双线性系统模型，将河流、河口问题视为一维问题解决。其次是 1965—1970 年间，计算机开始用在水质模型研究中，同时科学家也加深了对生化耗氧过程的认识，使得水质模型向 6 个线性系统发展，计算方法从一维到二维。接着在 1970—1975 年间，相互作用的非线性模型系统得到发展，研究涉及营养物质磷、氮循环系统，浮游动植物系统等。最后在 1975 年以后，研究涉及已经到有毒物质的相互作用，空间尺度发展到三维。

一维水质模型包括 S－P 模型，其修正型 Thomas 模型、Dobbins－Camp 模型、O'Connor模型，串联反应器模型，BOD 多河段矩阵模型，BOD－DO 耦合矩阵模型等等。

实际上污染物在水中的迁移转化是一种物理的、化学的和生物学的综合复杂过程，目前为止已发展出很多综合水质模型：QUAL－Ⅰ模型和 QUAL－Ⅱ模型，建立于 20 世纪 70 年代，是最早的综合水质模型之一。后经多次修改和增强，相继推出了 QUAL2E 模型、QUAL2EUNCAS 模型及 QUAL2K 模型。QUAL2E 模型适合于混合的枝状河流系统；QUAL2K 模型则把系统分为不相等的河段。WASP 模型，由 USEPA 开发，可以模拟一维不稳定流等，用途广泛。自 20 世纪 80 年代该模型被提出以来，在国内外已经得到广泛应用。在国内，逄勇等曾进行了太湖藻类的动态模拟研究；廖振良等对 WASP 模型进行了二次开发，建立了苏州河水质模型；杨家宽等运用 WASP6 模型预测南水北调后襄樊段的水质。CEQUALRIV1 一维水流与水质模拟模型，由美国陆军工程师水道试验站开发。该模型能够分析非恒定性严重的河川条件，如电站峰荷变化的尾水，还能够模拟分支河流系统。MIKE SHE 模型是由 DHI 开发的一个模型系统，作为多个模型的系统，它包括降雨-径流变化过程、一个集成的地下水流量模型和与 MIKEII 以及其他 MIKE 模型的联系。此模型系统提供了极好的界面和一个综合的水质变化过程系列。SMS 模型为地表水系统模型，由美国 Brigham Young 大学图形工程计算机图形实验室开发。与其他模型不同在于它不模拟降雨—径流过程，它在二维方向模拟河流、河口、海岸。在该系统中的主要包括水动力和泥沙模型（RMA2、RMA4、SED2D、HIVEL、FEWWMS、WSPRO 等），仅含有限的水质变化过程。其他还有如 MMS、HEC5Q、GENSCN、OTIS、QUASAR、BLTM、AQUATOX2、FESWMS、SNTEMP、SIMUCIV 等国内外较长使用的水质模型。水质模型今后的发展将以 GIS 为平台，模拟结果趋于动态化、可视化，污染机理、模型的不确定性研究加强，参数估值准确度提高。

Demuren 和 Rodi，Jian Ye 和 McCorquodale 应用有限体积法建立了二维水质模型，

模拟了污染物在连续弯道中的扩散规律；Sladkvich 采用有限差分法对 Haifa 湾的污染物排放进行了数值模拟计算，成功建立了污染物扩散输移模型；美国密西西比大学 Zhu Tingting 建立了基于水深平均的二维水动力及水质模型，对浅水牛轭湖进行了模拟。

在我国，水动力学水质模型的研究起步较晚，但在学习、吸收国际先进经验的基础上发展较快，近年来国内学者叶守权等将确定性 BOD－DO 模型中的参数取为概率分布参数、灰色参数和模糊化后，建立了河流水质不确定性数学模型。雒文生等以确定性水质模型为基础，与随机过程模拟方法结合，建立了确定与随机耦合的水质不确定性预测方法，他们还将湍流、温度、生态相互耦合，建立了垂向二维水动力学生态综合模型，并在实际应用中获得比较满意的效果。庄魏对长江预警预报系统进行了研发，根据长江水体二维水流水质模拟的不同需求，针对连续排放点源模型、瞬时排放点源模型、非稳态数值解模型这三种水动力学水质模型，提出了在 GIS 平台下的集成方法，将水质模拟与地理信息系统集成。

2.2.3 明渠运行控制

渠道自动控制起源于 20 世纪 30 年代，起初由法国人研制了许多用于自动控制的水力设备，并提出了水力自动化的控制方法，将其用于实际灌渠运行当中。到 20 世纪 50 年代，美国国家内务部垦务局（U.S. Department of Interior，Bureau of Reclamation）开始有关渠系自动控制项目的研究，形成了一套比较完整的渠系运行控制理论，并开发了一系列实用的渠道自动化控制的算法，对提高渠系的输水效率起到了积极的作用。Liu F 采用显式有限差分的格式实现了罐渠闸前常水位控制，对多个渠池进行数值仿真模拟，结果比较理想。Ruiz Carmona 和 Malaterre 等对已有的研究成果进行分析总结，提出了将非线性的输水系统简化成为线性系统，但还没有在实际中得到应用。

国内渠道输水运行控制的研究开始的较晚，始于 20 世纪 50 年代，虽然发展迅速，但实际应用甚少。20 世纪 80 年代之后，由于国内调水工程的实施和大中型灌区自动运行控制的要求，有些科研单位陆续开展了渠道自动化试行的研究。王念慎等人用现代控制理论构建了常水位和等体积实时控制模型，并进行了模型验证，得出了等水位控制比等体积控制简单，计算速度、精度高等优点。20 世纪 90 年代，王长德运用水力动闸门的控制原理，解决了水利自动闸门运行不稳定问题。之后，王长德又针对闸门过流的过程，在假设闸门能任意速度进行调节，提出了 P＋PR 与比威尔控制算法相结合的控制方式，并作了比较。近年来，国内学者尝试用现代控制理论、智能控制理论及模糊控制理论研究渠道运行系统。韩延成凭借对年调度的实践经验和优化控制理论，运用两阶段的输水控制方法对渠道进行数值模拟，结果证明该方法具有响应时间短、闸门调节次数少等优点。目前，许多学者对下游常水位运行方式开展大量的研究。姚雄等提出了流量主动补偿的前馈控制方法并与水位反馈控制相结合来改善闸渠道的响应特性，该模型没有考虑闸门开度变化对上下游渠道的影响，又由于在流量主动补偿阶段，需要各渠段上游流量变化都要超过下游流量变化，致使各渠段上游流量和闸门开度都

有较大的超调，有待进一步的改进。丁志良、王长德等把基于蓄量补偿的前馈控制运用到闸前常水位运行的方式中，并采用 PI 反馈控制对中线部分渠段进行了仿真模拟，在一定程度上改善了渠道的响应和回复特性。黄会勇、刘子慧等根据渠道初始和稳定时候渠道的流量、水位、渠道的蓄量、渠道水位降幅限制和水位波动限制条件等，制定了基于蓄量补偿的前馈控制策略，该方法涵盖了南水北调中线工程调度运行中可能出现的各种运行工况。

目前，国内对外明渠的水动力学计算有了一些研究基础，但大部分研究集中在改进渠道的控制运行算法上。然而还有许多算法仍旧停留在理论研究阶段，未能运用到实际工程中，对于大规模复杂明渠系统的模拟分析和应用还不成熟，自动控制方式的研究也主要是应用在灌溉工程方面，还不能完全解决大规模调水渠道的整体集中自动控制的问题。另外，与国内外已建成的调水工程相比，南水北调中线工程规模巨大，线路更长，并且可利用的水头有限，沿线中可用于反调节的调蓄工程几乎没有，这些都是当前国内外没有遇到过的问题，其输水的困难程度远远超过目前世界上已建成调水工程。所以，必须从南水北调中线工程总干渠输水安全和稳定性出发，对其展开相应的运行控制的研究。

2.2.4　水质水量快速预测

在水质预测预报模型的研究方面，欧美国家已经达到了很高水平，在国际上处于领先地位。在早期大量的基础研究数据的基础上，国外建立了一系列的水质预测预报模型，目前比较成熟的模型有以下几种。

（1）QUAL 系列模型，美国环保局（USEPA）于 1970 年推出 QUAL－Ⅰ水质综合模型，1973 年开发出 QUAL－Ⅱ模型，该模型能被用于研究污染物的瞬时排放对水质的影响，如有关污染源的事故性排放对水质的影响。

（2）BLTM（Branched Lagrangian Transport Model）即分支拉格朗日输移模型，由美国地质调查局（USGS）开发。它没有模拟水动力情况，水动力条件要由其他模型提供。这个模型包括 QUAL－Ⅱ包含所有的水质变化过程，而且是时变的。

（3）OTIS（One－dimensional Transport with Instream Storage）即带有内部调蓄节点的一维输移模型，USGS 开发的可用于对河流中溶解物质的输移进行模拟的一维水质模型。模型中的控制方程是对流扩散方程，并综合考虑了暂存、纵向入流、一阶衰减和吸附现象。

（4）WASP 模型（Water Quality Analysis Simulation Program，水质分析模拟程序）是美国环保局提出的水质模型系统，可用于对河流、湖泊、河口、水库、海岸等不同环境污染决策系统中分析和预测由于自然和人为污染造成的各种水质状况，可以模拟水文动力学、河流一维不稳定流、湖库和河口三维不稳定流、常规污染物和有毒污染物在水中的迁移转化规律。

（5）QUASAR 模型是由英国 Whitehead 建立的贝德福郡乌斯河水质模型发展而来的，该模型用含参数的一维质量守恒微分方程来描述枝状河流动态传质过程，可模拟的

水质组分包括DO、BOD、硝氮、氨氮、pH值、水温和任一种守恒物质。该模型属于水质控制数学模型，其研究的目的是建立污染物排放量与河流水质问题的关系。

另外丹麦、德国、荷兰等也分别开发了比较有效的水质模型如由丹麦水动力研究所（DHI）开发的MIKE模型体系、荷兰开发的PROTEUS体系其水质模块（Water Quality）可以实现对江河水体的二维和三维水质模拟。

我国在水质预警模型方面也做了大量研究，并把地理信息系统（GIS）与水质模型有机结合，把人工神经网络（ANN）技术应用于水环境预测及评价方面，大大推动了水质预警模型的研究进展。

南京水利科学研究院河港所针对长江口开发了CJK3D模型，可以实现对江河水体的二维和三维水质模拟。重庆市环境科学研究院和重庆大学针对长江嘉陵江重庆段干流和城区江段，分别开发了一维和二维水质预测模型，取得了较好的模拟效果。侯国祥建立了一个适合于与自然河流中污染物排放的远区计算模型，并将其应用于长江汉江仙桃段、湘江衡阳段、三峡库区重庆江段及长江堵河段，取得了较好的结果。王惠中、薛鸿超等在Koutitas等建立的准三维数学模型的基础上，考虑垂向涡黏系数沿深度变化，对其计算模式进行修改，针对太湖环境保护问题建立了一个三维水质模型，对太湖水体的主要污染指标进行模拟和分析，并提出了控制太湖水污染的防治政策；郭永彬、王焰新等将OUAL2K模型用于汉江中下游的水质模拟。杨家宽、肖波等将WASP5模型运用于汉江襄樊段的水质模拟，都取得了较为满意的结果。

彭虹等结合了河流一维水质综合模型和GIS建立了汉江武汉段水质预警预报系统，系统考虑了污染物的迁移和生态转化过程，可以实现污染物迁移扩散的常规预报、水华预警预报及突发污染事件的模拟。李志勤通过直接求解三维污染物输移方程来研究水库中溢油等污染物的运动规律，利用研究结果开发了紫坪铺水库三维水质预警系统，并以之提出了该水利枢纽工程应急运行的具体建议。程聪、林卫青等重点研究了突发性溢油污染事故排放的有毒有害污染物在水体中的迁移扩散和转化规律，建立黄浦江溢油漂移和扩散数学模型，使黄浦江发生溢油突发性污染事故后，能迅速预测事故后果，确定最佳的处理方案。窦明等在重金属模型研究成果的基础上建立了一维河流重金属迁移转化模型，并通过2005年广东省北江镉污染事故实测资料进行验证表明该模型能够较准确地反映重金属随水流运动和变化的过程及遭遇不同潮位会引起污染事故影响范围的差异。

张万顺等在突发事故水体污染物数值模型相关研究的基础上，结合GIS工具，建立三峡库区万州段水污染突发事故管理系统，系统可以实时模拟突发水污染事故后的污染范围和污染等级；动态演示污染团的迁移转化过程，并对取水口等重点水域进行突发事故的定点监测，以图表的形式直观地表现出突发事故造成影响。朱齐艳依据三峡库区典型江段（万州段）的河道特征，构建了二维突发性事故应急系统的核心模型，该模型能够描述突发事故污染物所涉及的物理、化学和生物过程，特别针对突发性事故发生地点不确定的特点，模型可对岸边、中心事故排放等不同排放方式进行数值模式概化。王庆改、赵晓宏等应用MIKE 11的降雨径流模块、水动力模块和对流扩散模块，建立了

汉江中下游的降雨-径流模型、水动力模型和对流-扩散模型，模拟了汉江中下游 2003 年水文条件下冬、夏季不同情况时的突发性水污染事故的污染物运移扩散过程，模型可模拟污染物的运移、扩散过程，预报突发水污染事件时汉江不同地点处污染物到达的时间和浓度增加值，辅助领导决策。刘冬华、刘茂等研究河流中污染物的输移扩散及其影响因素，引入死区预警模型及其解析解，模拟污染物在水体中的时空变化，进而预测污染物到达下游特定地点的浓度增加值及相应时间，尤其是对下游断面污染物最大浓度增加值及其出现时间的预测结果较好，能够较准确地模拟河流中污染物的输移扩散规律，为环境风险管理及突发性环境污染应急预案的制定提供科学依据。

鞠美勤在二维水动力、风场模型基础上，结合溢油本身特性变化建立二维溢油污染事故模拟模型。模型采用修正的 FAY 公式模拟溢油的扩展运动，采用油粒子模型模拟溢油漂移运动，并模拟溢油在扩展漂移过程中蒸发、乳化过程，以及以上风化过程对溢油黏度、密度等性质的影响，讨论了溢油在水体中的迁移转化规律，为河道突发性溢油污染事故预报和应急处理提供技术支持。蒋新新、李鸿等采用溢油扩延计算模式、油膜漂移分析计算方法和可溶性危险化学品一维瞬时扩散模型预测突发性污染事故对水体造成的影响。该预测模型预测水体中污染物的实时浓度，分析污染水团的轨迹变化，有广泛的应用价值。王祥、黄立文等以环境流体动力学模型 EFDC 为基础建立了三峡库区万州段水动力模型，并进行了典型水文条件下的水动力数值模拟。溢油模型能预测溢油在扩散漂移过程中组分、性质、状态的变化及最终归宿，为应急决策的制定、清除手段的选择及溢油损害评估提供依据。

国外虽然已经有很多成熟的水质模型软件，但现有水质模型和软件用于突发性水污染事故的水质模拟存在模型参数众多、参数率定困难、模型结构复杂、分析工作量大等问题，很难满足应急预警的需要。国内水质预警模型对预警过程中的机理性问题研究不足，基础不够，缺乏完善的有效定量计算方法，影响预警方法的建立。现有预警模型侧重于模拟溢油事故、重金属污染事故等，模拟指标有限，采用的数学模型结构较为单一，模拟所需时间长，未能够及时准确反应突发性污染物的迁移转化过程。

2.2.5 河渠追踪溯源技术

国内外许多学者在河渠水污染事件追踪溯源方面进行积极而努力的探索，并取得了一定的成果。就污染物迁移扩散模型参数识别而言，目前主要有理论公式法、经验公式法和示踪试验法等方法。然而，实际应用过程中无法通过理论公式法和经验公式法获得表征污染物迁移扩散模型参数的统一表达式，只有示踪试验法识别得到的参数值能准确地反映出污染物在水体中迁移转化特性。

纵观国内外有关河渠突发水污染追踪溯源研究，大多是围绕优化思想和不确定分析的思路展开，即分别是从确定性理论方法和不确定性理论方法对河渠突发水污染事件进行追踪溯源研究与讨论。

1. 确定性理论方法

确定性理论方法包括传统优化方法和启发式优化方法，它是一种考察和衡量实际

观测值与模型计算值之间匹配度的方法，这类方法的特点是在获取最优解的过程中涉及初始值的选取、全局收敛性或局部收敛性、收敛效率等方面。其中，传统优化方法一般采用目标函数的梯度信息来进行确定性搜索；启发式优化方法以仿生优化算法为主，它可以在目标函数不连续或不可微的情况下实现多可行解的并行、随机优化。

基于确定性理论方法的突发水污染追踪溯源研究是指求解过程中通过污染物迁移扩散模型模拟事件中污染物浓度分布，并建立以模拟结果与实测观测结果之间的误差平方和为目标函数的优化模型，之后利用确定性算法对优化模型的目标函数进行求解，通过迭代的方式寻求同实际观测值之间有最佳匹配度的计算结果。目前，在基于优化方法的河渠突发水污染追踪溯源研究中是以匹配度（目标函数）的优化为中心，利用不同优化算法实现对追踪溯源结果更新优化，偏向于不同方法的应用。

传统优化方法，如气-液-固体色谱法 GLS（Gas - Liquid - Solid，Chromatograph）、共轭梯度法 CGM（Conjugate Gradient Method）和变分同化方法 VDAM（Variational Data Assimilation Method）等，在测量值和污染物迁移转化扩散模型的基础上构建对应的目标函数，之后以目标函数的梯度方向作为待求参数的迭代更新方向。但对于含有多个追踪溯源结果的情形，则难以通过目标函数来获取对应的梯度信息，进而导致上述优化理论方法在突发水污染追踪溯源研究中受到限制。

随着人工智能和计算机技术的飞速发展，产生了启发式方法，且这些方法在环境保护和防治过程中得到了广泛的应用。如王薇等利用 SAA 估计河流水质模型参数；Chau、刘国东等运用 GAs 率定了的水质扩散模型参数。

此外，进化策略（Evolutionary Strategy，ES)、ANNs 和模糊优化方法等被成功应用于环境污染事件追踪溯源研究中。其中：ES 是专门针对连续区间的优化方法，它能较好的用于污染事件追踪溯源研究中污染源项识别问题；ANNs 是一种模仿结构及其功能的非线性信息处理系统，它具有强大的记忆、较强的稳健性以及大规模交互计算等能力；模糊优化方法可以很好地处理污染事件中追踪溯源研究被转化为比较模糊的优化情形。

综上所述，优化理论方法适用于数据有限的情形下河渠突发水污染追踪溯源研究，即在有限信息条件下，采用优化理论方法较为快速地率定污染物迁移扩散模型参数（纵向弥散系数、横向扩散系数或降解系数等）和确定污染源特性（污染源的位置、排放强度及排放时间等），从而为应急决策提供依据。包括 GAs、BP 网络、PSO 和 DEA 等确定性理论方法虽然能在河渠突发水污染追踪溯源研究中得到广泛的应用，但是计算成本较大且存在一定的局限性，主要表现为通过上述方法只能给出追踪溯源的“点估计”，即一组最优解，然而就河渠突发水污染追踪溯源本身而言，“点估计”无法提供更多有关污染事件追踪溯源的信息，从而不能保证预测结果的可靠性与模型应用的精度。另外，为验证突发污染追踪溯源方法的有效性，许多学者通常用污染物迁移扩散模型的模拟值替代监测设备的观测值，而监测设备得到的观测值一般存在由事发现场、监测仪器设备、取样等引起测量误差，所以通过模拟模型得到污染物浓度不能准确地反映实际情

况。因而从确定性理论方法着手进行河渠突发水污染事件追踪溯源研究，通常没有充分考虑污染物迁移扩散模型参数和观测数据的不确定性问题。

2. 不确定性理论方法

水环境系统是由水体与人工系统组成的一个复杂性系统，影响和制约该系统的因素很多，因而该系统具有很强的不确定性。另外，河渠突发水污染事件中广泛存在随机现象，如事发时间和事发地点的随机性。因此，对河渠突发水污染事件进行追踪溯源研究往往是追寻所有可行解而非"最优解"或"点估计"，此时确定性理论方法就难以胜任。当前，随机方法是处理不确定问题较为普遍的方法之一，它是通过概率分布来描述客观事物的随机性，常用的有统计归纳法、最小相对熵（Minimum Relative Entropy，MRE）和贝叶斯推理（Bayesian Inference）等。

贝叶斯推理是一种以概率论为理论基础的能反映河渠突发水污染事件不确定性的方法，它在充分利用了似然函数和待求参数的先验信息基础上，求解待求参数的后验概率分布，再通过相应的抽样方法得到诸如污染物迁移扩散模型参数或污染源项各参数等待求参数的估计值，即该方法能给出水污染事件追踪溯源结果的分布函数。因此，基于贝叶斯推理的方法主要是对突发水污染事件的发生概率进行估计，它能得到追踪溯源结果的后验概率分布，而非单一解，同时能量化追踪溯源结果的不确定性，可以提供更多的关于突发水污染事件追踪溯源的信息。为有效获取突发水污染追踪溯源结果的估计值，需要贝叶斯推理与相关抽样方法结合，如马尔可夫链蒙特卡罗（Markov Chain Monte Carlo，MCMC）和随机蒙特卡罗（Monte Carlo，MC）等抽样方法。其中，MC方法是一种不管初始值是否远离真实值时均容易收敛到次优解的估计方法，因此该方法得到追踪溯源结果的准确率不高。通过将贝叶斯推理与MC方法或MCMC方法结合方式迭代得到的追踪溯源结果的分布函数，能够弥补MC方法的不足。

MCMC方法是通过随机游动得到的一条足够长的Markov链，这样才能保证抽样结果接近于追踪溯源结果的后验分布，即用Markov链的极限分布来表示追踪溯源结果的后验概率密度函数。因此，MCMC方法推广了贝叶斯推理在环境污染事件追踪溯源研究中的应用。曹小群等利用Bayesian－MCMC方法研究对流-扩散方程的污染源项识别问题，陈海洋等采用了Bayesian－MCMC方法研究二维河流污染源项识别问题，并将识别结果与基于GAs方法进行对比分析。然而，MCMC方法通常是经过几千甚至几万次迭代才能保证抽样结果与追踪溯源结果的后验分布接近，因此无法满足事件的突发水污染事件应急要求。因此，国内外部分学者尝试将MCMC方法和其他的方法进行结合来应对突发水污染事件追踪溯源的需要。如Keats、Yee等结合伴随方程和MCMC方法来确定待求参数的似然函数，数值研究结果表明该方法能显著提高追踪溯源的计算速度。

除了贝叶斯方法外，还有一些新的机遇概率统计理论的方法仍处于研究阶段，包括统计学方法和基于伴随方程的方向位置概率密度函数方法等。此外，一些人工智能算法也被引入到污染物溯源研究中。闵涛等利用遗传算法研究了一维多点源瞬时排放溯源问题；牟行洋采用微分进化方法对单点固定源和多点固定源识别问题进行

了研究；袁利国等采用粒子群优化算法将源项识别问题转化为优化问题，对污染源进行了快速求解。

但是，事先设定追踪溯源结果的先验分布是不确定性追踪溯源方法运行的前提条件，并且需要对追踪溯源结果的后验概率分布进行大样本抽样。因此，从不确定性理论研究河渠突发水污染事件追踪溯源的难点是提高其计算效率。

2.2.6 突发水污染事件应急调控

自20世纪60年代以来，许多发达国家环境污染事件处于高发期，关于环境污染事故的防范和应急在国际上开始受到重视。由于突发水污染事件具有不确定性、处理的艰巨性以及应急主体的不明确性等特点，因此主要采用数值模拟和一些水质监测网站结合的方法预测污染物浓度变化情况。随着突发性污染事件控制重要性的增加，应急监测在机构、编制、机制及装备上也有了较大的提高。

在突发水污染事件应急处理技术上，国内外主要都是利用计算机、无线通信等现代化手段，通过计算机编程与GIS界面结合，构建突发性水污染事件的预警系统。其中国外的开发出一个称为“se ans”的软件包，可以为突发性水污染事件提供应急决策，还有一些学者把人工智能和模式识别技术用于溢油事件过程的模拟、应急计划的评估，能够对大型溢油事件应急处理设施的选择和人员的配备进行辅助决策；我国虽然突发性环境污染事件的防范和应急方面起步较慢，但是国内不少学者结合本地区具体情况，对突发性环境污染事件进行研究提出一些应对措施，如在VB集成环境下，用MapBasic语言、SQL语言以及DAO来实现MapInfo电子地图上的空间数据处理技术；综合应用一些高新技术成果，实现指挥中心对污染现场的远程指挥和信息快速传输；通过对系统设计、数据库设计、系统实施、系统功能等方面的介绍，给出了一种突发性环境污染事件预警、应急监测和处理方面软件开发的新方法。而目前的这些技术与方法，主要还是借助于软件建立了一些水质预警系统来识别污染源，追踪污染物的迁移过程，但是这些模型的建立需要大量的基础数据，同时模型运行需要大量的时间，缺乏突发性水污染事件应急调控技术和不能快速有效地做出解决的方案。

阮新建等采用现代控制理论研究了明渠自动控制设计方法，设计了多渠段多级闸门渠道系统最优控制器。丁志良等运用特征线法建立输水渠道一维非恒定流数学模型，模拟了在不同的闸门调节组合及渠道运行方式下，闸门调节速度对渠道水面线变化的影响。方神光等利用南水北调中线电子渠道模型，对比了时序控制和同步控制两种调度方式下干渠水流过渡过程。张成等以南水北调中线工程总干渠典型渠段为例，模拟分析了非正常工况下退水闸的退水作用。聂艳华在一维数学模型基础上建立应急反应模块，分别从事故闸关闭速率、陶岔渠首闸及闸前控制水位等方面对节制闸的运行调度进行模拟。

因此，为高效应对南水北调输水工程中突发水污染事件，突发水污染事件的应急调控技术需具有快速有效的处理，最大限度地减小污染范围和程度的功效，因此对突发水污染应急调控技术的研究是十分必要的。

2.2.7　突发水污染应急管理与决策支持系统

20 世纪 70 年代，关于环境污染事故的防范和应急在国际上开始受到重视。一些国际组织在环境污染事故应急的总体原则方法、实施机制和组织管理方面开展了专门研究，提出了系统的指导性成果。如：经济合作与发展组织（OECD）对各类环境污染事故情况组织了研究，并专门对化学品之类的环境污染事故的防治、应急处理准备和应急响应总结出版了指导性专著《OECD's Guiding Principles for Chemical Accident Precention，Preparedness，and Response》，联合国环境署（UNEP）开发的指导环境污染事故防患于未然的工具等。

发达国家在环境污染事故防范与应急计划与方法方面已取得了很多发展。美国对各类环境污染事故的应急处理技术做了最为全面、详尽的研究，并针对各种典型情况形成了规范性的综合处理流程和技术文件。美国对其国内化学品类、石油泄漏等较常见的典型污染事故的防范、处理均推荐了专门的技术，并有一系列的相关的法律规范环境污染事故管理和应急响应行动。美国对与邻近国之间的跨国环境污染事故的应急处理也非常重视，与加拿大、墨西哥就污染事故的处理方法、管理方法、协同合作等方面进行了合作研究并达成了共识性的规范文件，如：《美墨关于应对内陆边界地区有害物质泄漏、火灾或爆炸聚合应急计划》。加拿大对环境污染事故的防范和应急技术的研究和应用也非常重视，其国家环境保护局有专门的应急计划，称之为“E2 计划”并在各方面与美国合作。

在整个美国突发性重大环境事故应急决策系统框架中，最为重要的环节是对于污染事故危害的合理评估、选取合适的应急措施、措施有效性的评估，以及协调中央和地方政府的应急处理工作。这些工作依赖以下 5 个决策支持系统来完成：①环境污染事故应急决策系统；②环境污染事故应急数据库；③不同环境下不同污染事故危害传播模型；④地理信息系统；⑤专家系统。

欧盟的研究表明欧盟突发性重大环境污染事故从 20 世纪 80 年代呈下降趋势，但是，欧盟突发性重大环境污染事故应急决策系统的建设一直在加强中，其突发性重大环境污染事故应急决策系统（Seveso Plants Information Retrieval System，SPIRS）中最新的欧盟危险事故数据库（MARS4.0）在 2001 年开始使用，它主要包括两大内容：①欧盟危险事故数据库（MARS），包含欧洲主要危险品、危险工业的各个方面的详细信息；②相关的地理信息系统组件，基于 GIS 技术服务于重大环境污染事故应急决策的辅助系统。

我国的突发性环境污染事故的应急管理起步较晚，1984 年 4 月国家环保局成立了海上污染损害应急措施方案调查组，开始了对海上突发性污染事故的调研工作，1988 年，《海上污染损害应急措施方案》诞生，成为我国第一份突发性污染事故应急方案。2002 年 5 月广西壮族自治区南宁市应急联动系统正式运行，成为我国最早的城市应急管理系统。2005 年 1 月，温家宝总理主持召开国务院常务会议，原则通过了《国家突发公共事件总体应急预案》和 25 件专项预案、80 件部门预案。2005 年 7 月 22—23 日

召开全国应急管理工作会议，标志着中国应急管理纳入了经常化、制度化、法制化的工作轨道。2006年国务院发布了《国家突发公共事件总体应急预案》，是国家应急预案体系的总纲，明确了各类突发公共事件分级分类和预案框架体系。但是，环境污染事故的防范与应急是一项长期而艰巨的任务，随着经济的发展以及日趋复杂的环境，也将我国带入了突发环境污染事件的高发期。

2011年10月，国务院发布了《关于加强环境保护重点工作的意见》，对环境应急管理工作提出了新的更高的要求，首次将环境应急管理纳入国家战略层面。当前，环境风险异常突出并且突发环境事件频发，党中央、国务院高度重视环境应急管理工作，《国家环境保护"十二五"规划》将防范环境风险纳入指导思想，并将环境应急能力建设作为重要内容。

2.3 突发水污染应急调控模式

考虑到工程运行特性、供水目标等因素，一旦跨流域调水工程发生了突发性水污染，其调控处置应重点考虑以下几个方面：

(1) 尽快确认事故段、污染源类型、污染程度，谨慎退水弃水，避免污染扩散。

(2) 及时控制事态，防止灾害发展与蔓延。

(3) 保障供水安全，确保供水水质达标。

(4) 保证工程安全，将渠道水位壅高或降低控制在安全范围内。

(5) 尽量不影响工程的月调度方案，如遇特别重大情况，将对工程的年调度计划、月调度方案产生影响且需进行调整的，应上报相关管理单位进行协调。

(6) 尽量减少弃水量。

(7) 简化闸门操作程序。

同时，对突发水污染事件的处置往往是一个持续、循环、多次的过程，需要针对事态的发展变化，多次、及时进行必要的调控处置，并及时制定或修正调控的策略。

因此，跨流域调水工程突发水污染应急调控应为"追踪溯源—模拟预测—调度控制"这样一个闭环循环的调控模式。

(1) 追踪溯源。监测体系是突发水污染处置的基本基础，当通过在线监测或人工上报发现污染发生，首要任务是在事发后第一时间判断出污染源位置、强度等信息。突发水污染溯源的主要工作是确定出污染源的位置、污染物排放时间以及排放强度。通过突发水污染溯源，为应急决策提供事故段位置、污染程度等依据。

(2) 模拟预测。根据当前事态情况，应用水质水量联合模拟预测技术，预测事态发展的趋势和程度，作为当前情况及事态发展趋势、程度的依据，支撑应急人员作出是否启动应急调控等决策。

(3) 调度调控。对事件的响应包括应急调度策略制定和闸群集中控制两部分。

1) 应急调度策略：综合考虑突发污染事件类型，并以水位、流速等水动力指标和污染物输移扩散及下潜等指标为依据，快速提出事故段上游、事故段和事故段下游的应

急调度方案。

2）闸群集中控制：应急工况下的闸群集中-闸站当地-闸门液压三级自动化控制模式及面向应急调控的渠池等体积运行闸群前馈控制算法，针对事故段、事故段上游、事故段下游，能够自适应地采用同步、异步闸门启闭策略，使得过渡时间有效缩短。

当针对某突发水污染事件的第一次应急调控完成后，应循环至调控模式的第一环节，检视调控成效、预测事态发展，评价判断是否需要开展新一轮的应急调控。

2.4　突发水污染应急调控技术体系

突发水污染应急调控与处置流程如图 2.1 所示。主要为：当水质监测数据异常或者人工上报异常情况时，首先，进行水质安全评价诊断，若判断不是应急事件，则工程正常运行；若判断为应急事件，则启动应急调控流程，包括突发水污染事件追踪溯源、快速预测、水质预警、应急调度、闸群调控等，同时开展水质应急监测工作，辅助数值模拟分析水质迁移转化状况；最后，进行水质安全评价诊断，若水质达标，则结束应急状态，工程正常运行；若水质不达标，则继续进行应急调控，直至水质达标。突发水污染应急调控应与应急处置手段结合，力争在最短时间内将应急事件的影响降至最低。本书重点介绍应急调控关键技术与应用。

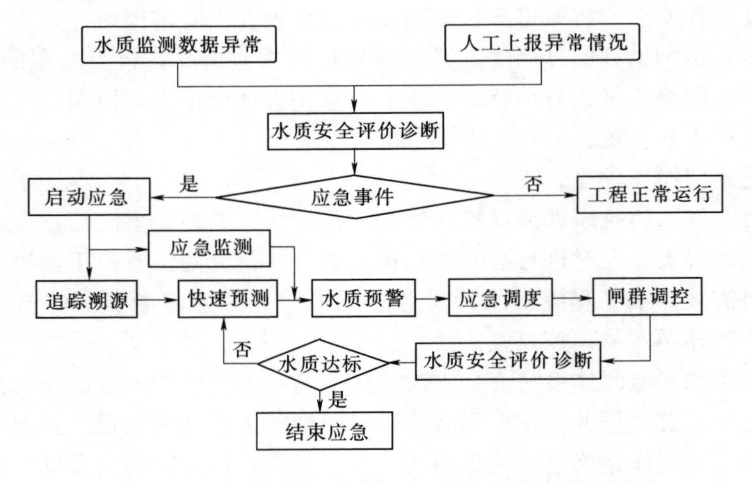

图 2.1　突发水污染应急调控与处置流程

跨流域调水工程突发水污染应急调控框架形成“追踪溯源—模拟预测—应急调度—闸群调控”四大环节于一体的突发水污染应急调控技术体系，包括闸泵群控制下水量水质模拟技术、突发水污染溯源预测技术、水污染应急调度与闸群控制技术。

2.4.1　突发污染溯源预测技术

突发水污染事件发生后，采取的溯源预测技术体系如图 2.2 所示。首先要运用追踪溯源算法，确定污染源信息；再进行水污染事件快速预测，模拟未来一段时间水体中的污染物浓度场分布情况；最后根据浓度场给出水体功能破坏、社会影响、人群健康、水体生态四方面的风险图谱及预警等级图。

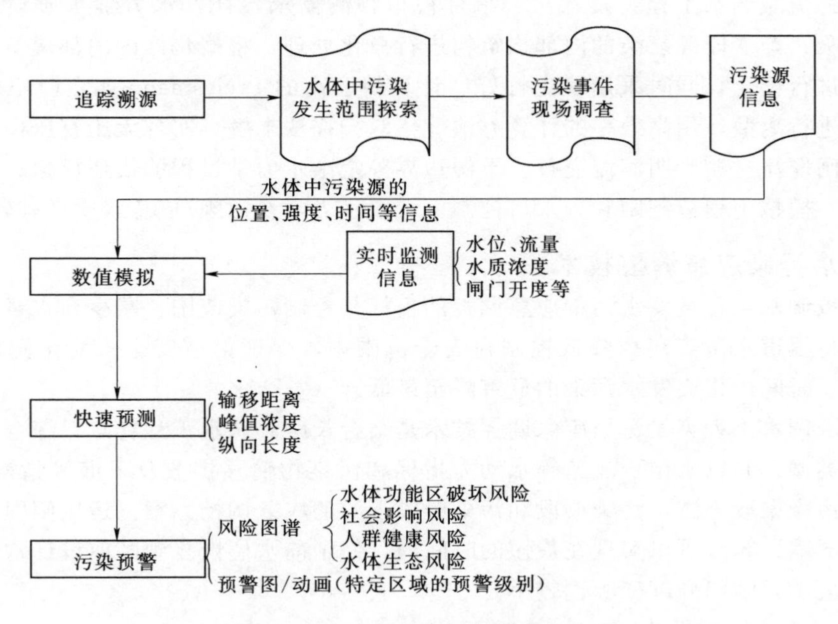

图 2.2　突发污染溯源预测技术体系

1. 突发污染追踪溯源技术

综合确定性方法和概率方法，在智能算法基础上，构建基于耦合概率密度方法(Coupled Probability Density Function，C-PDF）的突发水污染溯源模型。以水动力计算为基础，考虑系统观测误差，通过对污染物正向浓度分布概率密度与逆向位置概率密度进行相关性分析，构建以污染源位置和释放时间为参数的优化模型，然后利用DEA方法实现模型求解。最后依据污染物正向浓度分布概率密度函数构建最小值优化模型求解污染源强度。

2. 突发污染快速预测技术

传统的水质模拟模型在实际应用中计算效率低，不能完全满足在突发水污染时快速掌握水质迁移转化规律的需求，因此基于物体平衡及运动规律的原理，通过概括、抽象与简化工程问题，采用数学的语言和方法完成建模，建立经验公式，确定水质快速预测模型中的参数，利用合适的数值方法将微分方程组离散为线性方程组，引入适当的初始条件和边界条件，然后编制计算机程序在计算机上求解，并通过实测数据进行模型验证，保证水质快速模拟的可靠性，预测水体水质的迁移转化规律，反映污染物排放与水体质量的定量关系。

3. 水质预警技术

建立突发水污染事件动态预警模型，针对分水口、省界断面等不同风险类别受体，

构建预警模型，生成风险图谱，用于对利益相关者的信息发布和风险交流。

2.4.2　闸泵群控制下水量水质模拟技术

针对跨流域调水工程突发水污染事件模拟预测需求，开发水力学水质模型，对闸门、倒虹吸、渐变段等复杂的内部构筑物进行概化处理，将概化好的内部建筑物与圣维南方程组进行耦合，同时采用稳定性好、计算精度高的 Preissmann 四点时空偏心格式对方程组进行离散，用高效率的计算方法——双扫描法求解，实现无压有压衔接、急缓流转换、闸堰流过渡、明满流交替、干湿边界等复杂水力学过程的快速模拟；同时建立水质模型，模拟工程节制闸和分水口控制下干渠水力学及常规/应急水质迁移转换过程。

2.4.3　水污染应急调控技术

跨流域调水工程突发水污染应急调控的目标是控制污染范围；减少弃水量、延长供水时间；将渠道水位雍高或降低控制在安全范围内，保证渠道安全；简化闸门操作程序；在最短时间内将突发水污染的危害降至最低。

跨流域调水工程突发污染应急调控技术是结合长距离调水工程特点，综合考虑突发污染事件类型，并以水位、流速等水动力指标和污染物输移扩散及下潜等指标为依据，快速提出污染渠段上游、污染渠段和污染渠段下游的应急调控方案。运用闸门群“前馈＋反馈＋解耦”算法可以实现在最短的时间内，使闸前水位恢复到闸前设计常水位，且水位变动最小，闸门开度变幅也较小。

1. 污染渠池上游渠池

当发生突发污染事故后，渠首节制闸应当在其闸门操作允许情况下最快减小开度至目标流量；其余各节制闸在发生污染事故后与污染渠池节制闸同步动作，闸门开度按比例减小至各节制闸目标过闸流量对应开度；应急调控过程中，启用退水闸，其开启时间由下游节制闸前水位确定，关闭时间由渠池内水体蓄量确定；应急调控过程中上游各渠池对应分水口仍按计划分水。

2. 污染渠池

(1) 采取同步闭闸方式，即发生突发污染事故后，污染渠池上下游节制闸同步关闭。闭闸时间应根据污染物输移扩散情况确定，力争将污染物控制在当前渠池或下游相邻渠池内。

(2) 在条件允许的情况下，应尽可能延长应急调控闭闸时间，尽量保证闭闸时间不少于水波在该渠池内静水时传播的时间，该时间可通过渠池水深以及长度算出。

(3) 若污染渠池设有退水闸，则在应急调控过程中，可根据需要启用退水闸。退水闸开启及关闭时间的确定，可结合渠池具体情况。

3. 污染渠池下游渠池

分别给出如下 3 种应急调控策略：

(1) 过闸流量等比例减小。

(2) 各闸门同时启调。

(3) 按渠池内水体蓄量变化控制。

2.5 本章小结

本章基于长距离调水工程存在的突发水污染风险的调查与分析，基于工程运行特性、供水目标等因素，提出了跨流域调水工程突发性水污染的应急调控模式：追踪溯源—模拟预测—调度控制”闭环循环的调控模式。其中追踪溯源指依据在线监测或人工上报信息，在事发后第一时间判断出污染源位置、强度等信息；模拟预测指应用水质水量联合模拟预测技术，预测事态发展的趋势和程度，支撑应急人员作出是否启动应急调控等决策；调度控制包括应急调度策略制定和闸群集中控制两部分。当针对某突发水污染事件的第一次应急调控完成后，应循环至调控模式的第一环节，检视调控成效、预测事态发展，判断是否需要开展新一轮的应急调控。并对突发水污染应急调控技术体系进行了着重介绍。主要包括闸泵群控制下水量水质模拟技术、突发水污染溯源预测技术、水污染应急调度与闸群控制技术。

第3章 输水干渠水力学模拟技术

对跨流域调水来说，水源区引出的水一般要经过长距离输水系统的输送才能到达受水区，不仅要流经输水系统中的明渠、管线等渠系，还会经过系统中的节制闸、倒虹吸、泵站、分退水闸等水工建筑物，输水过程即相当复杂。以南水北调中线工程为例，输水工程南起汉江流域丹江口水库的陶岔引水闸，沿唐白河平原北缘、华北平原西部边缘，经过湖北、河南、河北3省，直达北京的团城湖和天津市外环河，总长1432km。输水总干线及天津干线与河流、渠道、道路全部立交，交叉的建筑物以及渠道上的节制闸、分水口门、退水闸等各类建筑物。穿黄输水建筑物是控制中线工程工期的关键项目，采取隧洞方案。故而，对长距离跨流域调水工程受水区的供水量预测来说，除了水源区水量模拟外，输水干渠的水力学模拟也至关重要，同时也是调水工程水量模拟的难点所在。

3.1 一维明渠水流数值模拟控制方程

明渠非恒定流的计算通常采用一维圣维南方程组，该方程具有两个独立的变量，为一阶拟线性双曲型偏微分方程。目前该方程组在数学上尚无解析解，工程上大都采用简化的圣维南方程或者数值方法求解。明渠非恒定流的基本理论和基本技术已经成熟，但是还有许多问题没有解决，例如明满流交替问题、临界流问题、闸堰流边界的数值处理等问题。

特征线法是沿特征线构造数值网格，将双曲型偏微分方程组降阶为常微分方程组并用解析解求解，特征线法具有物理意义明确、数学意义直观的优点，但存在网格不规则、强间断、中间插值不足等问题。差分法是将圣维南方程组的微商用差商来表示，然后联解得到的线性方程组，求得近似解。显式格式是由当前已知时间层的数值推求下一时间层的数值，公式简单且易于编程实现，但该方法计算结果波动大，受时间步长 Δt 的限制。隐式差分格式求解要求用已知时间层的数值和下一时间层的数值，得出整个河网的线性方程，然后整体求解，该方法虽然求解上有难度，但其无条件稳定。有限体积法是通过控制解的总变差不增，保证数值解不出现震荡。综合以上，本书采用普列斯曼时空四点偏心格式对圣维南方程组进行离散并求解。

3.1.1 圣维南方程组

一维圣维南方程组由连续性方程和动量方程组成：

$$\frac{\partial A}{\partial t}+\frac{\partial Q}{\partial x}=q \tag{3.1}$$

$$\frac{\partial}{\partial t}\left(\frac{Q}{A}\right)+\frac{\partial}{\partial x}\left(\alpha\frac{Q^2}{2A^2}\right)+g\frac{\partial Z}{\partial x}+g(S_f-S_0)=0 \tag{3.2}$$

式中：x 和 t 为空间和时间坐标；q 为单位长度渠道上的侧向入流流量；α 为动量修正系数；S_f 为水力坡度；A 为断面面积；Q 为断面流量；Z 为水位；S_0 为渠道底坡。

水力坡度可以根据流量模数计算确定：

$$S_f=\frac{Q|Q|}{K^2} \tag{3.3}$$

式中：K 为流量模数。

3.1.2 方程组的差分

采用 Pressimann 四点时空偏心格式，如图 3.1 所示。

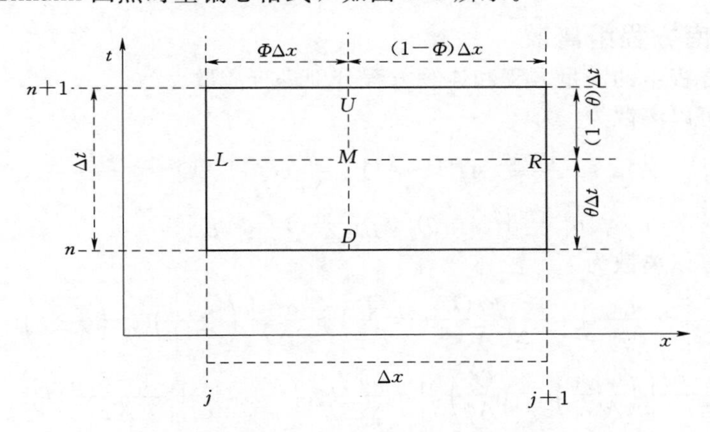

图 3.1 四点时空偏心格式示意图

$$f_L=\theta f_j^{n+1}+(1-\theta)f_j^n \tag{3.4}$$

$$f_R=\theta f_{j+1}^{n+1}+(1-\theta)f_{j+1}^n \tag{3.5}$$

$$f_D=\psi f_{j+1}^n+(1-\psi)f_j^n \tag{3.6}$$

$$f_U=\psi f_{j+1}^{n+1}+(1-\psi)f_j^{n+1} \tag{3.7}$$

式中：j 为河道节点编号，为 1，2，…，j，则有 $j-1$ 个河段；n 为时间步长序列编号；θ 为时间权重系数，$0\leqslant\theta\leqslant1.0$；$\psi$ 为空间权重系数，$0\leqslant\psi\leqslant1.0$。由式（3.4）、式（3.5）、式（3.6）、式（3.7）可得到如图 3.1 所示网格偏心点 M 的差商和函数在 M 点的值：

$$\frac{\partial f}{\partial t}=\frac{f_U-f_D}{\Delta t}=\psi\frac{f_{j+1}^{n+1}-f_{j+1}^n}{\Delta t}+(1-\psi)\frac{f_j^{n+1}-f_j^n}{\Delta t} \tag{3.8}$$

$$\frac{\partial f}{\partial x}=\frac{f_R-f_L}{\Delta x}=\theta\frac{f_{j+1}^{n+1}-f_j^{n+1}}{\Delta x}+(1-\theta)\frac{f_{j+1}^n-f_j^n}{\Delta x} \tag{3.9}$$

$$f=\theta f_U+(1-\theta)f_D=\theta[\psi f_{j+1}^{n+1}+(1-\psi)f_j^{n+1}]+(1-\theta)[\psi f_{j+1}^n+(1-\psi)f_j^n] \tag{3.10}$$

式中：Δx 为计算空间步长；Δt 为计算时间步长；f 为偏心点 M 处的值。

研究表明，当水流是缓流（$Fr<1.0$）时，圣维南方程组有两个特征根（$\lambda_1>0$）或者（$\lambda_2<0$），有$\left(C_r=\lambda_1\dfrac{\Delta t}{\Delta x}>0\right)$和$\left(C_r=\lambda_2\dfrac{\Delta t}{\Delta x}<0\right)$。

该格式的稳定条件为

$$C_r=(u-\sqrt{gh})\frac{\Delta t}{\Delta x}>\frac{\psi-0.5}{0.5-\theta} \tag{3.11}$$

如果参数选择不当，甚至会出现波动现象和不稳定的现象，在时空的偏心格式的使用时，最好是对连续性方程和动量方程使用不同的权重系数，可确保无条件稳定。

鉴于 Pressimann 四点时空偏心格式稳定性条件的限制，连续方程和动量方程对时间层离散都采用式（3.8），连续方程空间离散采用式（3.9），动量方程空间离散采用下式：

$$\frac{\partial f}{\partial x}=\phi\frac{f_{j+1}^{n+1}-f_j^{n+1}}{\Delta x}+(1-\phi)\frac{f_{j+1}^n-f_j^n}{\Delta x} \tag{3.12}$$

$$S_f=\phi[\varphi S_{f,j+1}^{n+1}+(1-\varphi)S_{f,j}^{n+1}]+(1-\phi)[\varphi S_{f,j+1}^n+(1-\varphi)S_{f,j}^n] \tag{3.13}$$

式中：ϕ 为连续方程时间离散权重；φ 为水力坡度的空间权重系数。

3.1.3　圣维南方程组离散

对圣维南方程组的动量方程和连续方程分别进行离散。

连续方程可以离散为

$$\begin{aligned}&\frac{\psi}{\Delta t}(A_{j+1}^{n+1}-A_{j+1}^n)+\frac{1-\psi}{\Delta t}(A_j^{n+1}-A_j^n)+\frac{\theta}{\Delta x}(Q_{j+1}^{n+1}-Q_j^{n+1})+\frac{1-\theta}{\Delta x}(Q_{j+1}^n-Q_j^n)\\&=\theta[\psi q_{j+1}^{n+1}+(1-\psi)q_j^{n+1}]+(1-\theta)[\psi q_{j+1}^n+(1-\psi)q_j^n]\end{aligned} \tag{3.14}$$

动量方程可以离散为

$$\begin{aligned}&\frac{\psi}{\Delta t}\left(\frac{Q_{j+1}^{n+1}}{A_{j+1}^{n+1}}-\frac{Q_{j+1}^n}{A_{j+1}^n}\right)+\frac{1-\psi}{\Delta t}\left(\frac{Q_j^{n+1}}{A_j^{n+1}}-\frac{Q_j^n}{A_j^n}\right)+\frac{\alpha\phi}{2\Delta x}\left[\left(\frac{Q_{j+1}^{n+1}}{A_{j+1}^{n+1}}\right)_2-\left(\frac{Q_j^{n+1}}{A_j^{n+1}}\right)_2\right]\\&+\frac{\alpha(1-\phi)}{2\Delta x}\left[\left(\frac{Q_{j+1}^n}{A_{j+1}^n}\right)^2-\left(\frac{Q_j^n}{A_j^n}\right)^2\right]+\frac{\phi g}{\Delta x}(h_{j+1}^{n+1}-h_j^{n+1})+\frac{(1-\phi)g}{\Delta x}(h_{j+1}^n-h_j^n)\\&+\phi g[\varphi S_{f,j+1}^{n+1}+(1-\varphi)S_{f,j}^{n+1}]+(1-\phi)g[\varphi S_{f,j+1}^n+(1-\varphi)S_{f,j}^n]-gS_0=0\end{aligned} \tag{3.15}$$

3.1.4　方程离散后线性化

离散后的方程是非线性的，需要应用循环迭代离散后的连续方程和动量方程才能求解。通常存在两种求解离散非线性的方程的方法：①直接求解 h 和 Q；②求解 Δh 和 ΔQ。本书采用第二种方法线性化处理离散后的方程，在循环求解过程中，用下式计算当前值：$h=h^*+\Delta h$，$Q=Q^*+\Delta Q$。式中，h^*、Q^* 代表上一个循环的变量值。

线性化连续方程用到如下关系式：

$$\left.\begin{aligned}A_j^{n+1}&=A_j^*+\Delta A_j=A_j^*+B_j^*\Delta h_j\\A_{j+1}^{n+1}&=A_{j+1}^*+\Delta A_{j+1}=A_{j+1}^*+B_{j+1}^*\Delta h_{j+1}\end{aligned}\right\} \tag{3.16}$$

$$\left.\begin{aligned}Q_j^{n+1}&=Q_j^*+\Delta Q_j\\Q_{j+1}^{n+1}&=Q_{j+1}^*+\Delta Q\end{aligned}\right\} \tag{3.17}$$

式中：带 * 号的变量为上一循环的变量值；ΔQ、ΔA、Δh 分别为流量、过流面积和水深的增量；B 为过流水面宽度。

把式（3.16）、式（3.17）代入式（3.14）并整理得

$$a_{2j}\Delta h_j + b_{2j}\Delta Q_j + c_{2j}\Delta h_{j+1} + d_{2j}\Delta Q_{j+1} = e_{2j} \tag{3.18}$$

式中：

$$a_{1j} = \frac{(1-\psi)B_j^*}{\Delta t} b_{1j} = \frac{-\theta}{\Delta x} c_{1j} = \frac{\psi B_{j+1}^*}{\Delta t} d_{1j} = \frac{\theta}{\Delta x}$$

$$e_{1j} = -\frac{\psi}{\Delta t}(A_{j+1}^* - A_{j+1}^n) - \frac{1-\psi}{\Delta t}(A_j^* - A_j^n) - \frac{\theta}{\Delta x}(Q_{j+1}^* - Q_j^*) - \frac{1-\theta}{\Delta x}(Q_{j+1}^n - Q_j^n)$$
$$+\theta[\psi q_{j+1}^{n+1} + (1-\psi)q_j^{n+1}] + (1-\theta)[\psi q_{j+1}^n + (1-\psi)q_j^n]$$

线性化动量方程，要用到以下式子：

$$\left.\begin{aligned}(Q_j^{n+1})^2 &= (Q_j^*)^2 + 2Q_j^*\Delta Q_j \\ (Q_{j+1}^{n+1})^2 &= (Q_{j+1}^*)^2 + 2Q_{j+1}^*\Delta Q_{j+1}\end{aligned}\right\} \tag{3.19}$$

$$\left.\begin{aligned}\frac{1}{(K_j^{n+1})^2} &= \frac{1}{(K_j^*)^2} - \frac{2}{(K_j^*)^3}\left(\frac{\partial K}{\partial h}\right)_j^* \Delta h_j \\ \frac{1}{(K_{j+1}^{n+1})^2} &= \frac{1}{(K_{j+1}^*)^2} - \frac{2}{(K_{j+1}^*)^3}\left(\frac{\partial K}{\partial h}\right)_{j+1}^* \Delta h_{j+1}\end{aligned}\right\} \tag{3.20}$$

$$\left.\begin{aligned}S_{f,j}^{n+1} &= S_{f,j}^* + \frac{2|Q_j^*|}{(K_j^*)^2}\Delta Q_j - \frac{2S_{f,j}^*}{K_j^*}\left(\frac{\partial K}{\partial h}\right)_j^* \Delta h_j \\ S_{f,j+1}^{n+1} &= S_{f,j+1}^* + \frac{2|Q_{j+1}^*|}{(K_{j+1}^*)^2}\Delta Q_{j+1} - \frac{2S_{f,j+1}^*}{K_{j+1}^*}\left(\frac{\partial K}{\partial h}\right)_{j+1}^* \Delta h_{j+1}\end{aligned}\right\} \tag{3.21}$$

$$\left.\begin{aligned}\frac{Q_j^{n+1}}{A_j^{n+1}} &= \frac{Q_j^*}{A_j^*} + \frac{1}{A_j^*}\Delta Q_j - \frac{Q_j^* B_j^*}{(A_j^*)^2}\Delta h_j \\ \frac{Q_{j+1}^{n+1}}{A_{j+1}^{n+1}} &= \frac{Q_{j+1}^*}{A_{j+1}^*} + \frac{1}{A_{j+1}^*}\Delta Q_{j+1} - \frac{Q_{j+1}^* B_{j+1}^*}{(A_{j+1}^*)^2}\Delta h_{j+1}\end{aligned}\right\} \tag{3.22}$$

$$\left.\begin{aligned}\left(\frac{Q_j^{n+1}}{A_j^{n+1}}\right)^2 &= \left(\frac{Q_j^*}{A_j^*}\right)^2 + \frac{2Q_j^*}{(A_j^*)^2}\Delta Q_j - \frac{2(Q_j^*)^2 B_j^*}{(A_j^*)^3}\Delta h_j \\ \left(\frac{Q_{j+1}^{n+1}}{A_{j+1}^{n+1}}\right)^2 &= \left(\frac{Q_{j+1}^*}{A_{j+1}^*}\right)^2 + \frac{2Q_{j+1}^*}{(A_{j+1}^*)^2}\Delta Q_{j+1} - \frac{2(Q_{j+1}^*)^2 B_{j+1}^*}{(A_{j+1}^*)^3}\Delta h_{j+1}\end{aligned}\right\} \tag{3.23}$$

式中：$K = AC\sqrt{R} = \frac{1}{n}A^{\frac{5}{3}}\chi^{-\frac{2}{3}}$，此处的 n 为曼宁系数，则

$$\frac{\partial K}{\partial h} = \frac{\partial K}{\partial A}\frac{\mathrm{d}A}{\mathrm{d}h} + \frac{\partial K}{\partial \chi}\frac{\mathrm{d}\chi}{\mathrm{d}h} = \frac{5}{3n}A^{\frac{2}{3}}\chi^{-\frac{2}{3}}\frac{\mathrm{d}A}{\mathrm{d}h} - \frac{2}{3n}A^{\frac{5}{3}}\chi^{-\frac{5}{3}}\frac{\mathrm{d}\chi}{\mathrm{d}h} = \frac{K}{A}\left(\frac{5\mathrm{d}A}{3\mathrm{d}h} - \frac{2R\mathrm{d}\chi}{3\mathrm{d}h}\right)$$

将式（3.19）～式（3.23）代入式（3.15）并整理得

$$a_{2j+1}\Delta h_j + b_{2j+1}\Delta Q_j + c_{2j+1}\Delta h_{j+1} + d_{2j+1}\Delta Q_{j+1} = e_{2j+1} \tag{3.24}$$

式中：

$$a_{2j} = \frac{(1-\psi)Q_j^* B_j^*}{\Delta t(A_j^*)^2} + \frac{\phi(Q_j^*)^2 B_j^*}{\Delta x(A_j^*)^3} - \frac{g\phi}{\Delta x} - 2\phi g(1-\varphi)\frac{S_{f,j}^*}{K_j^*}\left(\frac{\partial K}{\partial h}\right)_j^*$$

$$b_{2j} = \frac{1-\psi}{\Delta t A_j^*} - \frac{\phi Q_j^*}{\Delta x(A_j^*)^2} + 2g\phi(1-\varphi)\frac{|Q_j^*|}{(K_j^*)^2}$$

$$c_{2j} = -\frac{\psi Q_{j+1}^* B_{j+1}^*}{\Delta t(A_{j+1}^*)^2} - \frac{\phi(Q_{j+1}^*)^2 B_{j+1}^*}{\Delta x(A_{j+1}^*)^3} + \frac{\phi g}{\Delta x} - 2g\phi\varphi\frac{S_{f,j+1}^*}{K_{j+1}^*}\left(\frac{\partial K}{\partial h}\right)_{j+1}^*$$

$$d_{2j}=\frac{\psi}{\Delta t A_{j+1}^{*}}+\frac{\phi Q_{j+1}^{*}}{\Delta x(A_{j+1}^{*})^{2}}+2g\phi(1-\varphi)\frac{|Q_{j}^{*}|}{(K_{j+1}^{*})^{2}}$$

$$e_{2j}=-\frac{\psi}{\Delta t}\left(\frac{Q_{j+1}^{*}}{A_{j+1}^{*}}-\frac{Q_{j+1}^{n}}{A_{j+1}^{n}}\right)-\frac{1-\psi}{\Delta t}\left(\frac{Q_{j}^{*}}{A_{j}^{*}}-\frac{Q_{j}^{n}}{A_{j}^{n}}\right)-\frac{\alpha\phi}{2\Delta x}\left[\left(\frac{Q_{j+1}^{*}}{A_{j+1}^{*}}\right)^{2}-\left(\frac{Q_{j}^{*}}{A_{j}^{*}}\right)^{2}\right]$$
$$-\frac{\alpha(1-\phi)}{2\Delta x}\left[\left(\frac{Q_{j+1}^{n}}{A_{j+1}^{n}}\right)^{2}-\left(\frac{Q_{j}^{n}}{A_{j}^{n}}\right)^{2}\right]-\frac{g\phi}{\Delta x}(h_{j+1}^{*}-h_{j}^{*})-\frac{g(1-\phi)}{\Delta x}(h_{j+1}^{n}-h_{j}^{n})$$
$$-g\phi[\varphi S_{f,j+1}^{*}+(1-\varphi)S_{f,j}^{*}]-g(1-\phi)[\varphi S_{f,j+1}^{n}+(1-\varphi)S_{f,j}^{n}]+gS_{0}$$

圣维南方程组经过以上差分格式差分并线性化处理，可得到式（3.18）和式（3.24）两个线性方程。

3.2　边界条件的处理

通常，明渠输水系统可以看成是有一系列的水工构筑物串联起来的系统，因此明渠非恒定流的定解条件可以分为两大类：①外部边界条件；②内部边界条件。

3.2.1　外部边界条件处理

外部边界条件可以分为 6 类：上游水深边界、上游流量边界、上游流量-水深关系边界、下游水深边界、下游流量边界、下游流量-水深关系边界。

1. 上游水深边界

上游水深边界条件通常是水深时间序列，如下式：

$$h_{1}=h(t) \tag{3.25}$$

式中：h_1 为上游水深；$h(t)$ 为水深随时间的函数。

对式（3.25）作泰勒级数展开，得

$$\Delta h_{1}=h_{1}^{n+1}-h_{1}^{*} \tag{3.26}$$

式中：h_1^{n+1} 为水深时间函数在 $(n+1)\Delta t$ 时刻的值；h_1^* 为同一时间层上一次迭代值。

为了和差分方程形成统一格式，式（3.26）可以写成式（3.27）的形式：

$$c_{1}\Delta h_{1}+d_{1}\Delta Q_{1}=e_{1} \tag{3.27}$$

式中：$c_1=1.0$；$d_1=0$；$e_1=h_1^{n+1}-h_1^*$。

2. 上游流量边界

上游流量边界条件通常是流量时间序列，如下式：

$$Q_{1}=Q(t) \tag{3.28}$$

式中：Q_1 为上游流量；$Q(t)$ 为流量随时间的函数。

对式（3.28）作泰勒级数展开，得

$$\Delta Q_{1}=Q_{1}^{n+1}-Q_{1}^{*} \tag{3.29}$$

式中：Q_1^{n+1} 为流量时间函数在 $(n+1)\Delta t$ 时刻的值；Q_1^* 为同一时间层上一次迭代值。

为了和差分方程形成统一格式，式（3.29）可以写成式（3.30）的形式：

$$c_{1}\Delta h_{1}+d_{1}\Delta Q_{1}=e_{1} \tag{3.30}$$

式中：$c_1=0$；$d_1=1.0$；$e_1=Q_1^{n+1}-Q_1^*$。

3. 上游流量-水深关系边界

上游流量-水深关系如下：

$$Q_1 = f(h_1) \tag{3.31}$$

对式（3.31）作泰勒级数展开得

$$\Delta Q_1 - \frac{\mathrm{d}f}{\mathrm{d}h}\Delta h_1 = f(h_1^*) - Q_1^* \tag{3.32}$$

则式（3.32）可以写成式（3.33）的形式：

$$c_1 \Delta h_1 + d_1 \Delta Q_1 = e_1 \tag{3.33}$$

式中：$c_1 = -\frac{\mathrm{d}f}{\mathrm{d}h}$；$d_1 = 1.0$；$e_1 = f(h_1^*) - Q_1^*$。

4. 下游水深边界

下游水深边界条件通常是水深时间序列，如下式：

$$h_{2m} = h(t) \tag{3.34}$$

式中：h_{2m}为下游水深；$h(t)$ 为水深随时间的函数。

对式（3.34）作泰勒级数展开，得

$$\Delta h_{2m} = h_{2m}^{n+1} - h_{2m}^* \tag{3.35}$$

式中：h_{2m}^{n+1}为水深时间函数在 $(n+1)\Delta t$ 时刻的值；h_{2m}^*为同一时间层上一次迭代值。

为了形成统一的差分格式，则式（3.35）可以写成

$$a_{2m} \Delta h_{2m} + b_{2m} \Delta Q_{2m} = e_{2m} \tag{3.36}$$

式中：$a_{2m} = 1.0$；$b_{2m} = 0$；$e_{2m} = h_{2m}^{n+1} - h_{2m}^*$。

5. 下游流量边界

下游流量边界条件通常是流量时间序列，如下式：

$$Q_{2m} = Q(t) \tag{3.37}$$

式中：Q_{2m}为下游流量；$Q(t)$ 为流量随时间的函数。

对式（3.37）作泰勒级数展开，得

$$\Delta Q_{2m} = Q_{2m}^{n+1} - Q_{2m}^* \tag{3.38}$$

式中：Q_{2m}^{n+1}为流量时间函数在 $(n+1)\Delta t$ 时刻的值；Q_{2m}^*为同一时间层上一次迭代值。

为了和差分方程形成统一格式，式（3.38）可以写成式（3.39）的形式：

$$a_{2m} \Delta h_{2m} + b_{2m} \Delta Q_{2m} = e_{2m} \tag{3.39}$$

式中：$a_{2m} = 0$；$b_{2m} = 1.0$；$e_{2m} = Q_{2m}^{n+1} - Q_{2m}^*$。

6. 下游流量-水深关系边界

下游流量-水深关系如下：

$$Q_{2m} = f(h_{2m}) \tag{3.40}$$

对式（3.40）作泰勒级数展开得

$$\Delta Q_{2m} - \frac{\mathrm{d}f}{\mathrm{d}h}\Delta h_{2m} = f(h_{2m}^*) - Q_{2m}^* \tag{3.41}$$

则式（3.41）可以写成式（3.42）的形式：

$$a_{2m} \Delta h_{2m} + b_{2m} \Delta Q_{2m} = e_{2m} \tag{3.42}$$

式中：$a_{2m}=-\frac{\mathrm{d}f}{\mathrm{d}h}$；$b_{2m}=1.0$；$e_{2m}=f(h_{2m}^{*})-Q_{2m}^{*}$。

3.2.2　内部边界条件处理

3.2.2.1　分水口边界条件

分水口处渠道的流量会有变化，相应水位也会有变化，以横向流出分水为例如图 3.2 所示。

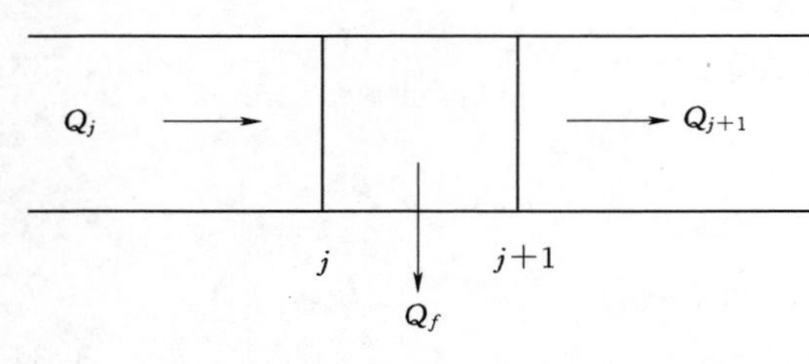

图 3.2　分水口示意图

图 3.2 中，j、$j+1$ 分别为分水口上下端的断面的编号，分水口上端流量为 Q_j，下端流量为 Q_{j+1}，分水的流量为 Q_f，则有水量平衡和能守恒可得

$$Q_j=Q_{j+1}+Q_f \tag{3.43}$$

$$h_j+Z_j+\frac{1}{2g}\left(\frac{Q_j}{A_j}\right)^2=h_{j+1}+Z_{j+1}+\frac{1}{2g}\left(\frac{Q_{j+1}}{A_{j+1}}\right)^2 \tag{3.44}$$

式中：Z_j 为分水口上端渠道底高程。

对式（3.43）、式（3.44）做泰勒级数展开整理得

$$\Delta Q_j-\Delta Q_{j+1}=Q_{j+1}^{*}-Q_j^{*}+Q_f \tag{3.45}$$

$$\left[1-\frac{(Q_j^{*})^2B_j^{*}}{g(A_j^{*})^3}\right]\Delta h_j+\frac{Q_j^{*}}{g(A_j^{*})^2}\Delta Q_j-\left[1-\frac{(Q_{j+1}^{*})^2B_{j+1}^{*}}{g(A_{j+1}^{*})^3}\right]\Delta h_{j+1}-\frac{Q_{j+1}^{*}}{g(A_{j+1}^{*})^2}\Delta Q_{j+1}$$
$$=-h_j^{*}-Z_j-\frac{1}{2g}\left(\frac{Q_j^{*}}{A_j^{*}}\right)^2+h_{j+1}^{*}+Z_{j+1}+\frac{1}{2g}\left(\frac{Q_{j+1}^{*}}{A_{j+1}^{*}}\right)^2 \tag{3.46}$$

则式（3.45）、式（3.46）可以分别写成式（3.18）、式（3.24）的形式。其系数为：$a_{2j}=0$；$b_{2j}=1.0$；$c_{2j}=0$；$d_{2j}=-1.0$；$e_{2j}=Q_{j+1}^{*}-Q_j^{*}+Q_f$；$a_{2j+1}=1-\frac{(Q_j^{*})^2B_j^{*}}{g(A_j^{*})^3}$；$b_{2j+1}=\frac{Q_j^{*}}{g(A_j^{*})^2}$；$c_{2j+1}=-\left[1-\frac{(Q_{j+1}^{*})^2B_{j+1}^{*}}{g(A_{j+1}^{*})^3}\right]$；$d_{2j+1}=-\frac{Q_{j+1}^{*}}{g(A_{j+1}^{*})^2}$；$e_{2j+1}=-h_j^{*}-Z_j-\frac{1}{2g}\left(\frac{Q_j^{*}}{A_j^{*}}\right)^2+h_{j+1}^{*}+Z_{j+1}+\frac{1}{2g}\left(\frac{Q_{j+1}^{*}}{A_{j+1}^{*}}\right)^2$。

3.2.2.2　渐变段边界条件

如图 3.3 所示，过水断面增大或者缩小的情况，有以下相容条件：

$$Q_j=Q_{j+1} \tag{3.47}$$

$$h_j+Z_i+\frac{1}{2g}\left(\frac{Q_i}{A_j}\right)^2=h_{j+1}+Z_{i+1}+\frac{1}{2g}\left(\frac{Q_{i+1}}{A_{j+1}}\right)^2+\zeta\frac{1}{2g}\left|\left(\frac{Q_i}{A_j}\right)^2-\left(\frac{Q_{i+1}}{A_{j+1}}\right)^2\right|+\xi\frac{1}{2g}\left(\frac{Q_i}{A_j}\right)^2 \tag{3.48}$$

式中：ζ 为局部损失系数；ξ 为其他损失系数。

对式（3.47）、式（3.48）线性化处理得

$$\Delta Q_j-\Delta Q_{j+1}=Q_{j+1}^{*}-Q_j^{*} \tag{3.49}$$

$$\left[1-(1-\zeta)\frac{(Q_j^{*})^2B_j^{*}}{g(A_j^{*})^3}\right]\Delta h_j+\frac{(1-\zeta)Q_j^{*}}{g(A_j^{*})^2}\Delta Q_j-\left[\frac{(1-\zeta)Q_{j+1}^{*}}{g(A_{j+1}^{*})^2}+\frac{\xi\left|Q_{j+1}^{*}\right|}{g(A_{j+1}^{*})^2}\right]\Delta Q_{j+1}$$

$$-\left[1-(1-\zeta)\frac{(Q_{j+1}^{*})^{2}B_{j+1}^{*}}{g(A_{j+1}^{*})^{3}}-\frac{\xi Q_{j+1}^{*}\left|Q_{j+1}^{*}\right|B_{j+1}^{*}}{g(A_{j+1}^{*})^{3}}\right]\Delta h_{j+1}$$

$$=-h_{j}^{*}-Z_{j}-\frac{1-\zeta}{2g}\left(\frac{Q_{j}^{*}}{A_{j}^{*}}\right)^{2}+h_{j+1}^{*}+Z_{j+1}+\frac{1-\zeta}{2g}\left(\frac{Q_{j+1}^{*}}{A_{j+1}^{*}}\right)^{2}+\frac{\xi Q_{j+1}^{*}\left|Q_{j+1}^{*}\right|}{2g(A_{j+1}^{*})^{2}} \tag{3.50}$$

$$\left[1-(1+\zeta)\frac{(Q_{j}^{*})^{2}B_{j}^{*}}{g(A_{j}^{*})^{3}}\right]\Delta h_{j}+\frac{(1+\zeta)Q_{j}^{*}}{g(A_{j}^{*})^{2}}\Delta Q_{j}-\left[\frac{(1+\zeta)Q_{j+1}^{*}}{g(A_{j+1}^{*})^{2}}+\frac{\xi\left|Q_{j+1}^{*}\right|}{g(A_{j+1}^{*})^{2}}\right]\Delta Q_{j+1}$$

$$-\left[1-(1+\zeta)\frac{(Q_{j+1}^{*})^{2}B_{j+1}^{*}}{g(A_{j+1}^{*})^{3}}-\frac{\xi Q_{j+1}^{*}\left|Q_{j+1}^{*}\right|B_{j+1}^{*}}{g(A_{j+1}^{*})^{3}}\right]\Delta h_{j+1}$$

$$=-h_{j}^{*}-Z_{j}-\frac{1+\zeta}{2g}\left(\frac{Q_{j}^{*}}{A_{j}^{*}}\right)^{2}+h_{j+1}^{*}+Z_{j+1}+\frac{1+\zeta}{2g}\left(\frac{Q_{j+1}^{*}}{A_{j+1}^{*}}\right)^{2}+\frac{\xi Q_{j+1}^{*}\left|Q_{j+1}^{*}\right|}{2g(A_{j+1}^{*})^{2}} \tag{3.51}$$

式（3.50）、式（3.51）分别是渐缩、渐扩段的能量方程。则式（3.49）、式（3.50）、式（3.51）可以写成式（3.18）、式（3.24）的形式，其系数为：$a_{2j}=0$；$b_{2j}=1.0$；$c_{2j}=0$；$d_{2j}=-1.0$；$e_{2j}=Q_{j+1}^{*}-Q_{j}^{*}$。

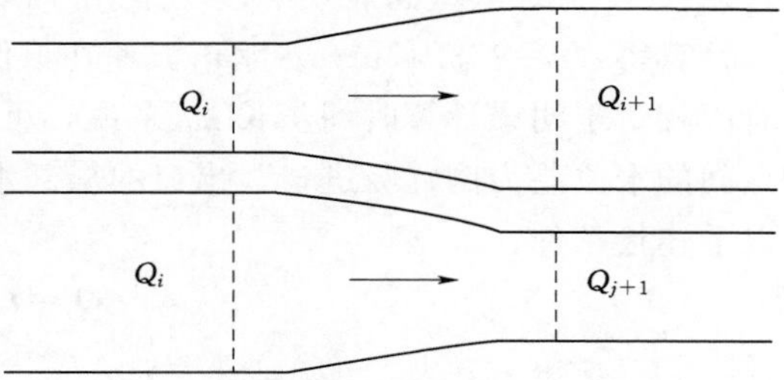

图 3.3　渐变段示意图

渐缩段系数：

$$a_{2j+1}=1-(1-\zeta)\frac{(Q_{j}^{*})^{2}B_{j}^{*}}{g(A_{j}^{*})^{3}}$$

$$b_{2j+1}=\frac{(1-\zeta)Q_{j}^{*}}{g(A_{j}^{*})^{2}}$$

$$c_{2j+1}=-\left[\frac{(1-\zeta)Q_{j+1}^{*}}{g(A_{j+1}^{*})^{2}}+\frac{\xi\left|Q_{j+1}^{*}\right|}{g(A_{j+1}^{*})^{2}}\right]$$

$$d_{2j+1}=-\left[1-(1-\zeta)\frac{(Q_{j+1}^{*})^{2}B_{j+1}^{*}}{g(A_{j+1}^{*})^{3}}-\frac{\xi Q_{j+1}^{*}\left|Q_{j+1}^{*}\right|B_{j+1}^{*}}{g(A_{j+1}^{*})^{3}}\right]$$

$$e_{2j+1}=-h_{j}^{*}-Z_{j}-\frac{1-\zeta}{2g}\left(\frac{Q_{j}^{*}}{A_{j}^{*}}\right)^{2}+h_{j+1}^{*}+Z_{j+1}+\frac{1-\zeta}{2g}\left(\frac{Q_{j+1}^{*}}{A_{j+1}^{*}}\right)^{2}+\frac{\xi Q_{j+1}^{*}\left|Q_{j+1}^{*}\right|}{2g(A_{j+1}^{*})^{2}}$$

渐扩段系数：

$$a_{2j+1}=1-(1+\zeta)\frac{(Q_{j}^{*})^{2}B_{j}^{*}}{g(A_{j}^{*})^{3}}$$

$$b_{2j+1}=\frac{(1+\zeta)Q_{j}^{*}}{g(A_{j}^{*})^{2}}$$

$$c_{2j+1}=-\left[\frac{(1+\zeta)Q_{j+1}^{*}}{g(A_{j+1}^{*})^{2}}+\frac{\xi\left|Q_{j+1}^{*}\right|}{g(A_{j+1}^{*})^{2}}\right]$$

$$d_{2j+1}=-\left[1-(1+\zeta)\frac{(Q_{j+1}^{*})^{2}B_{j+1}^{*}}{g(A_{j+1}^{*})^{3}}-\frac{\xi Q_{j+1}^{*}\left|Q_{j+1}^{*}\right|B_{j+1}^{*}}{g(A_{j+1}^{*})^{3}}\right]$$

$$e_{2j+1}=-h_{j}^{*}-Z_{j}-\frac{1+\zeta}{2g}\left(\frac{Q_{j}^{*}}{A_{j}^{*}}\right)^{2}+h_{j+1}^{*}+Z_{j+1}+\frac{1+\zeta}{2g}\left(\frac{Q_{j+1}^{*}}{A_{j+1}^{*}}\right)^{2}+\frac{\xi Q_{j+1}^{*}\left|Q_{j+1}^{*}\right|}{2g(A_{j+1}^{*})^{2}}$$

3.2.2.3　倒虹吸边界条件

参照南水北调中线总干渠的设计资料，干渠上 80% 以上的倒虹吸长度都小于

1000m。对于这种尺度的倒虹吸管涵，可以对渠水波动在其中的传播时间做一个简单的估算，以西赵河倒虹吸为例。该倒虹吸为 4 孔并联形式，单孔尺寸为 6.9m×6.9m（宽×高），设计流量为 $340m^3/s$，加大流量为 $410m^3/s$，倒虹吸的长度为 300m。

在管道非恒定流水力学中，水击波速的计算公式如下：

$$c=\sqrt{\frac{K}{\sigma}}\frac{1}{\sqrt{1+\frac{K}{E}\frac{D}{e}}} \tag{3.52}$$

式中：c 为管道中的水击波速；K 为水的体积弹性系数，取 2.39×10^9；σ 为水的密度，其值为 $1\times10^3kg/m^3$；E 为管道壁的弹性系数，在本次研究中取混凝土的弹性系数，为 30×10^9；D 为管道壁的等效半径，其值为 3.9m；e 为管壁厚度，取 0.5m。

计算得：$c=953.47m/s$。水击波速在该倒虹吸中管涵中的传播时间约为 0.31s。这个时间相对于明渠计算时间步长 Δt 来说，可以忽略不计。因此在计算非恒定流时，两节点间的水位差为倒虹吸进口、出口的局部水头损失和中间的沿程水头损失之和，则满足以下连接条件：

$$Q_j=Q_{j+1} \tag{3.53}$$

$$h_j+Z_i+\frac{1}{2g}\left(\frac{Q_i}{A_j}\right)^2=h_{j+1}+Z_{i+1}+\frac{1}{2g}\left(\frac{Q_{i+1}}{A_{j+1}}\right)^2+\zeta_1\frac{1}{2g}\left(\frac{Q_i}{A_j}\right)^2+\zeta_2\frac{1}{2g}\left(\frac{Q_{i+1}}{A_{j+1}}\right)^2+\frac{Q_{i+1}|Q_{i+1}|}{(K_{j+1})^2}L \tag{3.54}$$

式中：L 为倒虹吸的长度。

对式（3.53）、式（3.54）线性化处理得

$$\Delta Q_j-\Delta Q_{j+1}=Q_{j+1}^*-Q_j^* \tag{3.55}$$

$$\begin{aligned}&\left[1-(1-\zeta_1)\frac{(Q_j^*)^2B_j^*}{g(A_j^*)^3}\right]\Delta h_j-\left[\frac{(1+\zeta_2)Q_{j+1}^*}{g(A_{j+1}^*)^2}+\frac{2|Q_{j+1}^*|}{(K_{j+1}^*)^2}L\right]\Delta Q_{j+1}\\&\quad-\left[1-(1+\zeta_2)\frac{(Q_{j+1}^*)^2B_{j+1}^*}{g(A_{j+1}^*)^3}\right]\Delta h_{j+1}+\frac{(1-\zeta_1)Q_j^*}{g(A_j^*)^2}\Delta Q_j\\&=-h_j^*-Z_j-\frac{1-\zeta_1}{2g}\left(\frac{Q_j^*}{A_j^*}\right)^2+h_{j+1}^*+Z_{j+1}+\frac{1+\zeta_2}{2g}\left(\frac{Q_{j+1}^*}{A_{j+1}^*}\right)^2+\frac{Q_{j+1}^*|Q_{j+1}^*|}{(K_{j+1}^*)^2}L\end{aligned} \tag{3.56}$$

式中：$K=\frac{A}{n}R^{\frac{2}{3}}$。

则把式（3.55）、式（3.56）化简成式（3.18）、式（3.24）的格式，其系数为：$a_{2j}=0$；$b_{2j}=1.0$；$c_{2j}=0$；$d_{2j}=-1.0$；$e_{2j}=Q_{j+1}^*-Q_j^*$；$a_{2j+1}=1-(1-\zeta_1)\times\frac{(Q_j^*)^2B_j^*}{g(A_j^*)^3}$；$b_{2j+1}=\frac{(1-\zeta_1)Q_j^*}{g(A_j^*)^2}$；$c_{2j+1}=-\left[1-(1+\zeta_2)\frac{(Q_{j+1}^*)^2B_{j+1}^*}{g(A_{j+1}^*)^3}\right]$；$d_{2j+1}=-\left[1-(1+\zeta_2)\frac{(Q_{j+1}^*)^2B_{j+1}^*}{g(A_{j+1}^*)^3}\right]$；$e_{2j+1}=-h_j^*-Z_j-\frac{1-\zeta_1}{2g}\left(\frac{Q_j^*}{A_j^*}\right)^2+h_{j+1}^*+Z_{j+1}+\frac{1+\zeta_2}{2g}\times$

$\left(\frac{Q_{j+1}^{*}}{A_{j+1}^{*}}\right)^{2}+\frac{Q_{j+1}^{*}\left|Q_{j+1}^{*}\right|}{(K_{j+1}^{*})^{2}}L$。

3.2.2.4 节制闸边界条件

一维明渠流数学模型中，为了保证计算时候的连续性，人们通常将节制闸作为内边界来处置。

如图 3.4 所示，南水北调中线总干渠上全部采用弧形闸门，从物理意义上分析，节制闸的过流能力方程应该是一个 3 段连续函数，即孔流段、过渡段、堰流段。在过渡段的两端点，分别与孔流段、堰流段的函数是连续的。有必要做相应的处理，以确定适用于渠道控制的过闸流量公式。过渡段计算采用孔流与堰流关于闸门开度的线性插值。

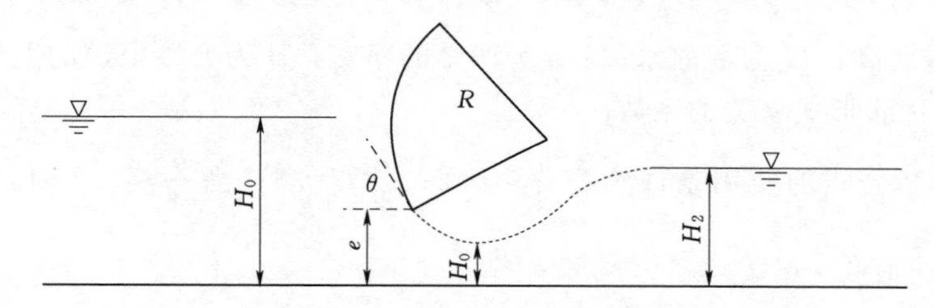

图 3.4 弧形闸门示意图

令 $K=\frac{e}{H_0}$，e 为闸门开度，H_0 为闸前水位。过渡态的两端有两个点：①孔流分界点 K_1；②堰流分界点 K_2。不同的流态 K_1、K_2 的值也不同，有一定的变动范围。生产中，应允许取用不同的数值。当$\frac{e}{H_0}>K_2$ 时为堰流，则堰流公式如下：

$$Q=\sigma_c\sigma_s mb\sqrt{2g}H_0^{1.5} \tag{3.57}$$

式中：σ_c 为侧收缩系数；σ_s 为淹没系数；m 为流量系数；b 为闸孔或堰的宽度；H_0 为闸前水深。

在使用堰流公式的时候，关键是选择合适淹没系数和流量系数。

（1）σ_s 为宽顶堰的淹没系数，设 Z_d 为为堰顶高程，H_0 为堰上游水位，H_2 为堰下游水位，$(H_2-Z_d)/(H_0-Z_d)$ 为淹没度。淹没系数采用巴普洛夫斯基实验数据，见表 3.1。

表 3.1　宽顶堰淹没系数表

$(H_2-Z_d)/(H_0-Z_d)$	0.8	0.81	0.82	0.83	0.84	0.85
σ_s	1	0.995	0.99	0.98	0.97	0.96
$(H_2-Z_d)/(H_0-Z_d)$	0.86	0.87	0.88	0.89	0.90	0.91
σ_s	0.95	0.93	0.9	0.87	0.84	0.82
$(H_2-Z_d)/(H_0-Z_d)$	0.92	0.93	0.94	0.95	0.96	0.97
σ_s	0.78	0.74	0.7	0.65	0.59	0.5

当淹没度小于 0.8 时，淹没系数 $\sigma_s=1.0$。

（2）m 为宽顶堰的流量系数。采用有坎堰公式为

$$m=0.32+0.01\times\left(3.0-\frac{A}{H}\right)\bigg/\left(0.46+0.75\frac{A}{H}\right) \tag{3.58}$$

式中：A 为闸室过水断面面积；H 为堰前水深。

对于多孔闸门则需要计算综合流量系数，本书采用流量修正系数 α 进行修正，流量修正系数 α 的大小有实测水位水流进行修正。

（3）σ_c 为侧收缩系数。对于平底闸门一般不考虑侧向收缩，而对于有底坎的宽顶堰，可用别列津斯基公式计算侧向收缩系数：

$$\sigma_c=1-\frac{\alpha}{\sqrt[3]{0.2+Z_d/H}}\sqrt[4]{\frac{b}{B}}\left(1-\frac{b}{B}\right) \tag{3.59}$$

式中：Z_d 为堰底高；H 为堰前水深；b 为两墩的净宽；B 为上游渠道的宽度；α 为墩头和宽顶堰进口边缘形式有关的系数。

别列津斯基公式的使用条件为：$\frac{b}{B}\geqslant 0.2$；$\frac{h}{H}\leqslant 0.3$；当 $\frac{b}{B}\leqslant 0.2$ 时，取 $\frac{b}{B}=0.2$；当 $\frac{h}{H}\geqslant 0.3$ 时，取 $\frac{h}{H}=0.3$。

当 $\frac{e}{H_0}<K_1$ 时为孔流，闸孔出流时，根据闸门下游形成的水跃形式，其流态可以分为自由出流和淹没出流两种形式。

则闸孔出流公式如下：

$$Q=\sigma_c\sigma_s mbe\sqrt{2gH_0} \tag{3.60}$$

式中：σ_c 为侧收缩系数；σ_s 为淹没系数；m 为流量系数；b 为闸孔或堰的宽度；H_0 为闸前水深；e 为闸孔开度。

（1）m 为闸孔的流量系数。

$$m=\left(0.97-0.81\frac{\theta}{180}\right)-\left(0.56-0.81\frac{\theta}{180}\right)\frac{e}{H_0} \tag{3.61}$$

式中：θ 为弧形闸门底的切线与水平方向的夹角，(°)。

公式的使用范围：$25°\leqslant\theta\leqslant 90°$，$0.1\leqslant\frac{e}{H_0}\leqslant K_1$。由 $\cos\theta=\frac{c-e}{R}$，$0\leqslant e\leqslant e_{\max}$，由此可以确定 θ 的取值范围。当 $\frac{e}{H_0}>K_1$ 时，认为是过度态或者堰流。

（2）σ_c 为侧向收缩系数。

$$\sigma_c=1-\frac{1}{\sqrt[3]{0.2}}\sqrt[4]{\frac{b_0}{b}}\left(1-\frac{b_0}{b}\right) \tag{3.62}$$

式中：b_0 为闸室净宽；b 为上游渠道中宽（水深一半处的宽）。

由于 σ_c 是 $\frac{b_0}{b}$ 的增函数，且不大于 1。因此，当 $\frac{b_0}{b}\geqslant 1$ 时，$\sigma_c=1$；$0.2\leqslant\frac{b_0}{b}<1$ 时，

$\sigma_c=1-\frac{1}{\sqrt[3]{0.2}}\sqrt[4]{\frac{b_0}{b}}\left(1-\frac{b_0}{b}\right)$；$\frac{b_0}{b}\leqslant 0.2$ 时，0.085。

（3）σ_s 为淹没系数。

自由出流时 $\sigma_s=1$。淹没出流状态时，先计算闸门处收缩断面水深 h_c，$h_c=\varepsilon e$，其中 ε 为垂直收缩系数，e 为闸门开度。

$$\varepsilon=0.94247-0.003260\theta-4.96703\times10^{-5}\theta^2+5.12821\times10^{-7}\theta^3 \tag{3.63}$$

再计算 h_c 的共轭水深 h_c''

$$h_c''=\frac{h_c}{2}\left(\sqrt{1+8\frac{v_c^2}{h_c}}-1\right)$$

$$v_c=\frac{Q}{bh_c}=\frac{mbe\sqrt{2gH_0}}{be\varepsilon}=\frac{m}{\varepsilon}\sqrt{2gH_0} \tag{3.64}$$

计算潜流比 λ，$\lambda=\frac{H_2-h_c}{H_0-h_c}$，$H_2$ 为下游水深。若 $\lambda<0$，为自由出流，即 $\sigma_s=1$；若 $\lambda>1$，下游水深高于上游水深，闸门上下游变换位置，重新计算，此时水倒流。$0<\lambda\leqslant 1$，则采用《水闸规范》的表（A.0.3-2）的插值公式计算 $\sigma_s=-1.7823\lambda^3+2.3338\lambda^2+1$。

当 $K_1<\frac{e}{H_0}<K_2$ 时，为过渡态，此时孔流的上线流量为 Q_{kong}，堰流的下限流量为 Q_{yan}，其中 Q_{kong} 是有孔流公式计算得到，Q_{yan} 是有堰流公式计算得到。此时，过渡态的流量为

$$Q=Q_{\text{kong}}+\frac{e/H_0-K_1}{K_2-K_1}(Q_{\text{yan}}-Q_{\text{kong}}) \tag{3.65}$$

综上所述，节制闸无论是孔流、过渡态、堰流，在节制闸处都具有以下连接方程：

$$Q_j=Q_{j+1} \tag{3.66}$$

$$Q_j=\sigma_c\sigma_s mbf(H_j,H_{j+1},e) \tag{3.67}$$

式中：σ_c 为侧收缩系数；σ_s 为淹没系数；m 为流量系数；b 为闸孔或堰的宽度；H_j 为闸前水深；H_{j+1} 为下一位置的闸前水深；e 为闸孔开度。

对式（3.66）、式（3.67）进行泰勒级数展开，并整理得：

$$\Delta Q_j-\Delta Q_{j+1}=Q_{j+1}^*-Q_j^* \tag{3.68}$$

$$\sigma_c\sigma_s mb\frac{\partial f^*}{\partial H_j^*}\Delta H_j-\Delta Q_j+\sigma_c\sigma_s mb\frac{\partial f^*}{\partial H_{j+1}^*}\Delta H_{j+1}=Q_j^*-\sigma_c\sigma_s mbf^* \tag{3.69}$$

式中：$f^*=\sigma_c\sigma_s mbf(H_j^*,H_{j+1}^*,e)$。

式（3.68）、式（3.69）可以写成式（3.18）、式（3.24）的形式，其系数为：$a_{2j}=0$；$b_{2j}=1.0$；$c_{2j}=0$；$d_{2j}=-1.0$；$e_{2j}=Q_{j+1}^*-Q_j^*$；$a_{2j+1}=\sigma_c\sigma_s mb\frac{\partial f^*}{\partial H_j^*}$；$b_{2j+1}=-1$；$c_{2j+1}=\sigma_c\sigma_s mb\frac{\partial f^*}{\partial H_{j+1}^*}$；$d_{2j+1}=0$；$e_{2j+1}=Q_j^*-\sigma_c\sigma_s mbf^*$。

3.2.2.5 闸门参数识别

南水北调中线工程于 2014 年 12 月 12 日开始正式通水，距今已有两年多，目前运

行状态均为闸孔淹没出流。利用工程实际运行中 64 座节制闸的大量原型观测数据来确定各节制闸的流量系数，可为工程运行调度和输水控制提供技术支撑，具有重要的实际意义。本文引进系统辨识方法，应用一种数学优化技术——最小二乘法，推导出通用的流量系数的计算公式，结合原型观测数据，可以快速便捷的求解流量系数。

如图 3.5 所示，当闸门相对开度（e/H_0）不超过 0.65 时为闸孔出流；当弧形闸门下游水深大于收缩断面水深的共轭水深时，闸孔为淹没出流。如前文所述，弧形闸门过闸流量计算各方法应用条件各异，关键是在流量系数等相关系数的确定。流量系数是一个与上下游水深和闸门开度等多因素相关的函数，由于其表达形式的复杂，多是基于一定条件简化后，采用流量系数曲线图（图 3.6）或经验公式来确定，而其精度取决于流量系数曲线图拟合的公式或经验公式的阶数和各参数取值的影响，应用范围不具有通用性。结合工程实际条件，本书主要应用以下两种弧形闸门过闸流量计算方法，并提出了流量系数的系统辨识方法。

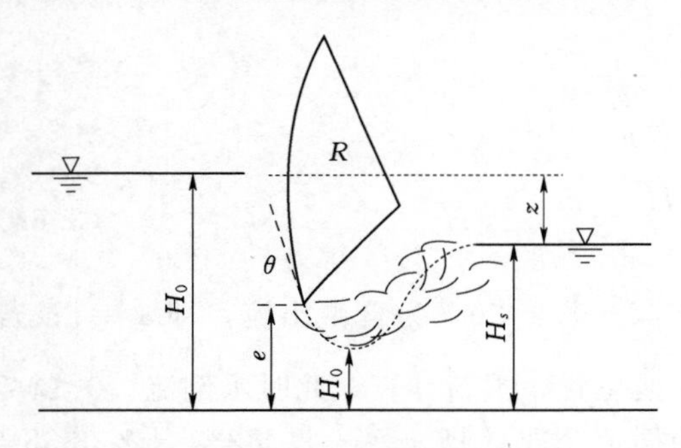

图 3.5　闸孔淹没出流示意图

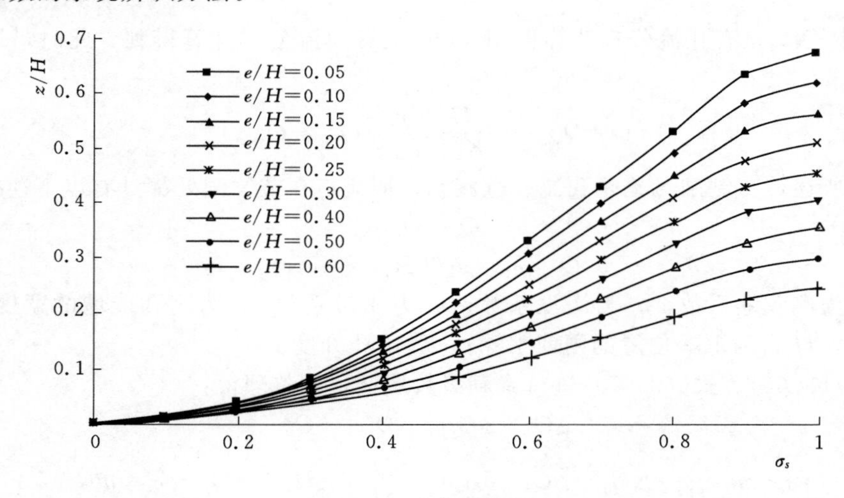

图 3.6　淹没系数图

1. 传统方法

赵昕等编著的《水力学》中闸孔淹没出流的流量计算公式为

$$Q=\sigma_s\mu nbe\sqrt{2gH_0} \tag{3.70}$$

式中：σ_s 为淹没系数；μ 为流量系数；n 为闸孔数；b 为孔宽，m；e 为闸孔开度，m；H_0 为闸门全水头，m。

流量系数的计算公式为

$$\mu=\left(0.97-0.81\frac{\theta}{180^{\circ}}\right)-\left(0.56-0.81\frac{\theta}{180^{\circ}}\right)\frac{e}{H_0} \tag{3.71}$$

式（3.71）的使用范围为：$25^{\circ}\leqslant\theta\leqslant90^{\circ}$，$0.1\leqslant e/H_0\leqslant0.65$。

式中：θ 为弧形闸门底的切线与水平方向的夹角，°，由式（3.72）确定。

$$\cos\theta=\frac{c-e}{R} \tag{3.72}$$

式中：c 为弧形门转轴与闸门关闭时落点的高差，m；R 为弧形门的半径，m。

流量系数的计算公式为

$$\sigma_s=\sqrt{\frac{1-\dfrac{h}{H_0}}{1-\dfrac{h_c}{H_0}}}=f\left(\frac{e}{H},\frac{z}{H}\right) \tag{3.73}$$

淹没系数 σ_s 具体表达式复杂，一般以 z/H_0 和 σ_s 为纵横坐标，以 e/H 为参数，画出淹没系数曲线（图 3.6）供查用。本文建立 $z/H-e/H-\sigma_s$ 关系表，形式见表 3.2，结果见表 3.3（数值从图 3.6 中近似读出）；然后利用线性插值的方法求得淹没系数。

表 3.2　$z/H-e/H-\sigma_s$ 关系表

z/H \ e/H	$(e/H)_1$	$(e/H)_2$	…	$(e/H)_n$
$(z/H)_1$	$(\sigma_s)_{11}$	$(\sigma_s)_{12}$	…	$(\sigma_s)_{1n}$
$(z/H)_2$	$(\sigma_s)_{21}$	$(\sigma_s)_{22}$	…	$(\sigma_s)_{2n}$
⋮	⋮	⋮	⋮	⋮
$(z/H)_m$	$(\sigma_s)_{m1}$	$(\sigma_s)_{m2}$	…	$(\sigma_s)_{mn}$

表 3.3　$z/H-e/H-\sigma_s$ 关系表数值

z/H \ e/H	0.05	0.1	0.15	0.2	0.25	0.3	0.4	0.5	0.6
0	0	0	0	0	0	0	0	0	0
0.1	0.33	0.34	0.37	0.4	0.41	0.43	0.47	0.51	0.56
0.2	0.46	0.5	0.53	0.55	0.58	0.63	0.68	0.75	0.85
0.3	0.56	0.6	0.65	0.68	0.73	0.8	1	1	1
0.4	0.66	0.72	0.77	0.84	0.94	1	—	—	—
0.5	0.75	0.83	1	1	1	—	—	—	—

$$\sigma_s=\frac{e/H-(e/H)_j}{(e/H)_{j+1}-(e/H)_j}\left\{\frac{z/H-(z/H)_i}{(z/H)_{i+1}-(z/H)_i}\left[(\sigma_s)_{i+1,j+1}-(\sigma_s)_{i+1,j}-(\sigma_s)_{i,j+1}+(\sigma_s)_{i,j}\right]+(\sigma_s)_{i+1,j}-(\sigma_s)_{i,j}\right\}+\frac{z/H-(z/H)_i}{(z/H)_{i+1}-(z/H)_i}\left[(\sigma_s)_{i+1,j}-(\sigma_s)_{i,j}\right]+(\sigma_s)_{i,j} \tag{3.74}$$

假设某弧形闸门当前工况具有数值 z/H 和 e/H，由 $z/H-e/H-\sigma_s$ 关系线性插值可得到对应的淹没系数 σ_s。若 $(z/H)_i\leqslant z/H<(z/H)_{i+1}$，$(e/H)_j\leqslant e/H<(e/H)_{j+1}$，

则 σ_s 的值由式（3.71）求得。

式中：$(\sigma_s)_{i,j}$ 为 $(z/H)_i$ 和 $(e/H)_j$ 对应的淹没系数；$(\sigma_s)_{i+1,j}$ 为 $(z/H)_{i+1}$ 和 $(e/H)_j$ 对应的淹没系数；$(\sigma_s)_{i,j+1}$ 为 $(z/H)_i$ 和 $(e/H)_{j+1}$ 对应的淹没系数；$(\sigma_s)_{i+1,j+1}$ 为 $(z/H)_{i+1}$ 和 $(e/H)_{j+1}$ 对应的淹没系数。

2. 系统辨识法

本书使用的闸孔淹没出流的流量计算公式为

$$Q=Cnbe\sqrt{2g(H_0-H_s)}=Cnbe\sqrt{2g\Delta h} \tag{3.75}$$

式中：Q 为流量，m^3/s；n 为孔数；b 为孔宽，m；e 为开度，m；H_0 为闸前水深，m；H_s 为闸后水深，m；C 为流量系数。

传统方法和系统辨识法的差别主要体现在：传统方法分为淹没系数和流量系数，淹没系数将闸后水深因素囊括进去；而系统辨识法中用统一的流量系数包含了众多因素，应用最小二乘法来推导流量系数的计算公式。最小二乘法是通过最小化误差的平方和寻找数据的最佳函数匹配，可以简便地求得未知的数据，并使得这些求得的数据与实际数据之间误差的平方和为最小。

在南水北调中线工程实际运行中，式（3.75）中的 Q、n、b、e、H_0 和 H_s 均可进行原型测量；仅 C 为未知数。令

$$a=nbe\sqrt{2g(H_0-H_s)} \tag{3.76}$$

则式（3.76）可变为

$$Q=Ca \tag{3.77}$$

则在式（3.76）中，Q 和 a 为已知量，C 为未知量。显然可知，可以得到一系列成对的数据（a_1，Q_1；a_2，Q_2；…；a_n，Q_n）。将这些数据描绘在 $x-y$ 直角坐标系中，理论上应在通过坐标原点的一条直线附近。可以令这条直线方程为

$$y=Cx \tag{3.78}$$

式中：C 为任意实数，具体到闸门过闸流量计算上，$C\in(0,1)$。

应用最小二乘法原理，将流量实测值 Q_i 与计算值 y_i（$y_i=Ca_i$）的偏差的平方和 $\sum_{i=1}^{n}(Q_i-y_i)^2$ 最小作为优化依据。令

$$s=\sum_{i=1}^{n}(Q_i-y_i)^2 \tag{3.79}$$

则有

$$s=\sum_{i=1}^{n}(Q_i-Ca_i)^2 \tag{3.80}$$

将 s 对 C 求导数，得

$$\frac{\partial s}{\partial C}=\sum_{i=1}^{n}2(Q_i-Ca_i)a_i \tag{3.81}$$

当 s 最小时，$\frac{\partial s}{\partial C}=0$。即

$$\left(\sum_{i=1}^{n} a_i^2\right)C = \sum_{i=1}^{n}(Q_i a_i) \tag{3.82}$$

因此，流量系数的计算公式为

$$C = \sum_{i=1}^{n}(Q_i a_i) / \sum_{i=1}^{n} a_i^2 \tag{3.83}$$

即选择 n 个实际工况后，则可计算出流量系数 C。

3.3 恒定非均匀流计算初始条件

恒定非均匀流计算模型应能够计算各个分水口不同分水流量的组合情况，恒定非均匀流计算的水面线作为非恒定流计算的初始条件。计算恒定非均匀流水面线的常微分方程

$$\frac{\mathrm{d}h}{\mathrm{d}x} = \frac{S_0 - S_f}{1 - Fr} \tag{3.84}$$

式中：Fr 为弗劳德数；S_f 为水力坡度；S_0 为渠道底坡。

用 Runge－Kutta 对上式进行积分，算出各个断面的水深，并计算出各个节制闸的开度。

其次，用 Runge－Kutta 求解水面线方程所得的结果与非恒定流不具有相容性，在恒定流情况下，把求解水面线方程所得的结果作为恒定流圣维南方程组的初始条件来求解，恒定非均匀流可用下式表示：

$$\left.\begin{aligned} &\frac{\partial Q}{\partial x} = q \\ &\frac{\partial}{\partial x}\left(\alpha \frac{Q^2}{2A^2}\right) + g\frac{\partial Z}{\partial x} + g(S_f - S_0) = 0 \end{aligned}\right\} \tag{3.85}$$

对于式（3.85）用非恒定流的离散格式和数值计算方法进行求解，是为了使非恒定流可以收敛到相应的恒定流上，即恒定流模型与非恒定流模型满足“相容性”准则。

3.4 线性方程求解

方程式（3.18）、式（3.24）组成的系数均由初值或者上一次迭代的值计算，所以方程为常系数线性方程。对于该河道一共有 m 个断面，把该河道分成（$m-1$）个小河段，可列 $2(m-1)$ 个方程，然后该河道共有 $2m$ 个变量，再加上、下游外边界调节后，共有 $2m$ 个方程，形成封闭的代数方程组。形成的封闭代数方程组矩阵形式为

$$\boldsymbol{AX} = \boldsymbol{D} \tag{3.86}$$

式中：$\boldsymbol{A}$、$\boldsymbol{X}$、$\boldsymbol{D}$ 的矩阵形式分别为

$$A=\begin{bmatrix} a_1 & b_1 & & & & & & \\ a_2 & b_2 & c_2 & d_2 & & & & \\ a_3 & b_3 & c_3 & d_3 & & & & \\ & & a_4 & b_4 & c_4 & d_4 & & \\ & & a_5 & b_5 & c_5 & d_5 & & \\ & & \vdots & \vdots & \vdots & \vdots & & \\ & & & & a_{2m-2} & b_{2m-2} & c_{2m-2} & d_{2m-2} \\ & & & & a_{2m-1} & b_{2m-1} & c_{2m-1} & d_{2m-1} \\ & & & & & & a_{2m} & b_{2m} \end{bmatrix},X=\begin{bmatrix} \Delta h_1 \\ \Delta Q_1 \\ \Delta h_2 \\ \Delta Q_2 \\ \Delta h_3 \\ \vdots \\ \Delta Q_{m-1} \\ \Delta h_m \\ \Delta Q_m \end{bmatrix},D=\begin{bmatrix} e_1 \\ e_2 \\ e_3 \\ e_4 \\ e_5 \\ \vdots \\ e_{2m-2} \\ e_{2m-1} \\ e_{2m} \end{bmatrix}$$

对于以上方程组采用从下向上依次地推求解。

3.4.1　水深已知的上游外边界条件求解

上游水深已知时，可用以下方程进行追赶求解

$$\begin{cases} \Delta Q_j = S_{j+1} - T_{j+1}\Delta Q_{j+1} \\ \Delta h_{j+1} = P_{j+1} - V_{j+1}\Delta Q_{j+1} \end{cases} \tag{3.87}$$

对于水位已知的上游边界调节，$\Delta h_1 = h_1^{n+1} - h_1^*$，则 $P_1 = h_1^{n+1} - h_1^* = e_1$，$V_1 = 0$。把 $\Delta h_j = P_j - V_j\Delta Q_j$ 带入方程式（3.18）、式（3.24），即可求得 S_{j+1}、T_{j+1}、P_{j+1}、V_{j+1}的系数：

$$S_{j+1} = \frac{(e_{2j+1} - a_{2j+1}P_j)c_{2j} - (e_{2j} - a_{2j}P_j)c_{2j+1}}{(b_{2j+1} - a_{2j+1}V_j)c_{2j} - (b_{2j} - a_{2j}V_j)c_{2j+1}}$$

$$T_{j+1} = \frac{c_{2j}d_{2j+1} - c_{2j+1}d_{2j}}{(b_{2j+1} - a_{2j+1}V_j)c_{2j} - (b_{2j} - a_{2j}V_j)c_{2j+1}}$$

$$P_{j+1} = \frac{(b_{2j+1} - a_{2j+1}V_j)(e_{2j} - e_{2j}P_j) - (b_{2j} - a_{2j}V_j)(e_{2j+1} - e_{2j+1}P_j)}{(b_{2j+1} - a_{2j+1}V_j)c_{2j} - (b_{2j} - a_{2j}V_j)c_{2j+1}}$$

$$V_{j+1} = \frac{(b_{2j+1} - a_{2j+1}V_j)d_{2j} - (b_{2j} - a_{2j}V_j)d_{2j+1}}{(b_{2j+1} - a_{2j+1}V_j)c_{2j} - (b_{2j} - a_{2j}V_j)c_{2j+1}}$$

由式（3.87）可以递推求得：$\Delta h_m = P_m - V_m\Delta Q_m$，与下游边界条件联立即可求得 ΔQ_m 或者 Δh_m 的值，回带可求出 ΔQ_j、Δh_j（$j=1, 2, 3, \cdots, m$）的值。

3.4.2　流量已知的上游外边界条件求解

上游流量已知时，可用以下追赶方程进行求解

$$\begin{cases} \Delta h_j = S_{j+1} - T_{j+1}\Delta h_{j+1} \\ \Delta Q_{j+1} = P_{j+1} - V_{j+1}\Delta h_{j+1} \end{cases} \tag{3.88}$$

对于流量已知的上游边界调节，$\Delta Q_1 = Q_1^{n+1} - Q_1^*$，则 $P_1 = Q_1^{n+1} - Q_1^* = e_1$，$V_1 = 0$。把 $\Delta Q_j = P_j - V_j\Delta h_j$ 带入方程式（3.18）、式（3.24），即可求得 S_{j+1}、T_{j+1}、P_{j+1}、V_{j+1}的系数：

$$S_{j+1}=\frac{e_{2j+1}d_{2j+1}-e_{2j+1}d_{2j}-(b_{2j}d_{2j+1}-b_{2j+1}d_{2j})P_j}{a_{2j}d_{2j+1}-a_{2j+1}d_{2j}-(b_{2j}d_{2j+1}-b_{2j+1}d_{2j})V_j}$$

$$T_{j+1}=\frac{c_{2j}d_{2j+1}-c_{2j+1}d_{2j}}{a_{2j}d_{2j+1}-a_{2j+1}d_{2j}-(b_{2j}d_{2j+1}-b_{2j+1}d_{2j})V_j}$$

$$P_{j+1}=\frac{(a_{2j+1}-b_{2j+1}V_j)(e_{2j}-b_{2j}P_j)-(a_{2j}-b_{2j}V_j)(e_{2j+1}-b_{2j+1}P_j)}{(a_{2j+1}-b_{2j+1}V_j)d_{2j}-(a_{2j}-b_{2j}V_j)d_{2j+1}}$$

$$V_{j+1}=\frac{(a_{2j+1}-b_{2j+1}V_j)c_{2j}-(a_{2j}-b_{2j}V_j)c_{2j+1}}{(a_{2j+1}-b_{2j+1}V_j)d_{2j}-(a_{2j}-b_{2j}V_j)d_{2j+1}}$$

由式（3.87）可以递推求得：$\Delta Q_m=P_m-V_m\Delta h_m$，与下游边界条件联立即可求得 ΔQ_m 或者 Δh_m 的值，回代可求出 ΔQ_j、Δh_j（$j=1$，2，3…，m）的值。

3.4.3 流量-水深关系已知的上游外边界条件求解

对于流量-水深关系 $Q_1=f(h_1)$，可线性化处理成 $\Delta h_1=\frac{e_1}{c_1}-\frac{d_1}{c_1}\Delta Q_1$，$P_1=\frac{e_1}{c_1}$，$V_1=\frac{d_1}{c_1}$，同水深已知边界条件处理样。

3.4.4 线性方程的求解步骤

由水深、流量、流量-水位关系已知的边界条件求解过程，可知：求解由一个递推过程和一个回代过程组成。在已知 t_0 时刻明渠各个计算断面的水深和流量的条件下，可采用下述过程求解 $t_0+\Delta t$ 时刻的水深和流量：

（1）假设时刻 $t_0+\Delta t$ 的各个计算断面的水深和流量的初始值，即假设 Q^*、h^* 与时刻 t_0 的值相等。

（2）计算 S_{j+1}、T_{j+1}、P_{j+1}、V_{j+1}的值。

（3）与下游边界条件联解，并回代求得 ΔQ_j、Δh_j（$j=1$，2，3，…，m）的值。

（4）判断 $|\Delta Q_j|<\varepsilon_1$、$|\Delta h_j|<\varepsilon_2$ 是否成立，如果成立则取求解的 Q^* 和 h^* 作为 $t_0+\Delta t$ 时刻的解；若条件不成立，则用 $Q_j^*=\Delta Q_j+Q_j^*$ 和 $h_j^*=\Delta h_j+h_j^*$ 的值分别取代 Q^* 和 h^*，重复步骤（2）～（4）。

3.5 应用案例：南水北调中线干渠

基于上述建立的水力学模型，工程化应用到南水北调中线总干渠上。输水干线全长 1277km，渠道底坡为 1/25000，渠首设计流量为 350m³/s。南水北调中线干线线共有 64 座节制闸（63 个渠段），97 座分水口门，54 座退水闸，是由明渠、渠道渡槽、渠道倒虹吸、暗渠、隧洞、有压管涵和若干控制建筑物等构成的长距离复杂输水系统。

中线工程于 2012 年 12 月 12 日正式通水，先利用实测数据对模型参数进行率定，参数率定包括节制闸过流流量系数和渠道糙率两个部分；然后对模型进行验证；最后利用模型建立各渠段的水位-流量-蓄量关系，确定各分水口（退水闸）的敏感性指标，为

工程运行调度控制提供技术支撑。

3.5.1　节制闸过流流量系数辨识

选取南水北调中线工程第一个节制闸——陶岔渠首闸作为研究对象。陶岔渠首闸的基本属性信息为：闸底高程为 138.3m，含 3 个闸孔，每个闸孔宽 8.67m，闸门半径 14m，铰高 11m。在获取的工程实际运行的陶岔渠首闸原型观测数据中，挑选 7 个稳定工况数据（表 3.4）进行计算，各工况的闸门开度均不一样，且工况稳定是指闸门的前后水位和流量在一段时间内基本不变。原始数据中开度为各闸孔的开度，应用时取各闸孔开度的平均值进行计算。

表 3.4　陶岔渠首闸工况选择表

工况	日期 /(年-月-日)	时间 /(时：分)	闸前水位 /m	闸后水位 /m	开度 /m	实测流量 /(m^3/s)
1	2015-11-3	8：00	150.630	146.350	0.92/0/0.92	95.281
2	2015-11-7	8：00	150.580	146.380	0.95/0/0.95	98.562
3	2015-11-11	8：00	150.790	146.500	1.04/0/1.04	110.510
4	2015-11-14	8：00	151.140	146.690	1.18/0/1.18	124.810
5	2015-11-20	8：00	151.460	146.570	1.15/0/1.15	127.130
6	2015-11-22	8：00	151.430	146.540	1.13/0/1.13	127.300
7	2015-12-10	8：00	151.180	146.570	1.065/0/1.065	114.730

针对上述各工况，传统方法得到的角度、流量系数和淹没系数的数值见表 3.5。从表 3.5 可看出，各工况的角度范围为 42.1°～43°，差异较小，最大差异仅 0.9°；各工况的流量系数范围为 0.753～0.762，差异较小，最大差异仅 0.009；各工况的淹没系数范围为 0.603～0.641，差异相对较大，最大可达 0.038。从表 3.5 也可看出，角度增大时，流量系数减小。系统辨识法利用 7 组实测数据计算得到的流量系数为 0.657。

表 3.5　传统方法对应的各工况闸门角度和系数

工　况	1	2	3	4	5	6	7
角度 θ/(°)	42.1	42.2	42.6	43.2	43.1	43	42.7
流量系数 μ	0.762	0.761	0.758	0.753	0.755	0.756	0.758
淹没系数 σ_s	0.603	0.604	0.609	0.618	0.641	0.64	0.623

传统方法和系统辨识法根据计算出来的流量系数等数值，以及利用公式计算出来的流量及与实测流量的相对误差统计见表 3.6。传统方法的相对误差均在 20%左右，而系统辨识法的相对误差仅在 1%左右。从而证明应用系统辨识方法计算流量系数，再计算闸门闸孔淹没出流流量，精度更高。

表 3.6 各方法流量模拟与实测对比

工况	传统方法计算流量 1 /(m^3/s)	相对误差 /%	系统辨识法计算流量 2 /(m^3/s)	相对误差 /%
1	114.003	19.649	96.016	0.771
2	117.403	19.116	98.216	0.351
3	130.241	17.855	108.667	1.668
4	151.119	21.079	125.585	0.621
5	154.951	21.884	128.3	0.92
6	152.182	19.546	126.058	0.976
7	138.588	20.795	115.361	0.55

3.5.2 渠道糙率选取

糙率是人工渠道的关键参数之一，其取值的合理可靠性对工程有及其重要的意义。糙率取值的主要影响因素包括：壁面的粗糙程度、明渠的断面形状和水力半径、渠道的流量和水位、渠道断面的沿程变化等。中线渠道的设计糙率为 0.015。通过文献调研，确定中线渠道糙率的计算方法主要有 3 个。

1. 美国垦务局公式

当水力半径 $R \leqslant 1.2$m 时，糙率 $n=0.014$。

当水力半径 $R>1.2$m 时，糙率为

$$n=\frac{0.056R^{\frac{1}{6}}}{\lg(9711R)} \tag{3.89}$$

2. 美国陆军工程兵团公式

$$n=\frac{R^{\frac{1}{6}}}{19.55+18\lg(R/K_s)} \tag{3.90}$$

K_s 在工程运行初期可取 0.00061m。

3. 杨开林公式

杨开林（2012）提出了渠道沿程糙率的系统辨识模型，该模型考虑了渠道几何参数，如断面形态、长度、底坡等的影响，将渠道沿程糙率与粗糙高度 K_s 和水力半径 R 的关系用对数函数表示，依据水力学原理，然后通过数学变换提出了适合最小二乘法进行系统辨识的线性模型。同时，以南水北调中线京石段应急供水工程实测资料为依据，考虑渠道断面形状、底坡、渠长变化的影响，应用最小二乘法得到的渠道沿程糙率计算公式为

$$n=\frac{R^{\frac{1}{6}}}{22.9\lg(1020R)} \tag{3.91}$$

选取陶岔节制闸—刁河节制闸和刁河节制闸—湍河节制闸两段渠道进行分析，陶岔节制闸的闸后渠底高程为 139.38m，渠道底宽为 13.5m，边坡系数为 3；刁河节制闸的闸前渠底高程为 138.797m，渠道底宽为 19m，边坡系数为 2；刁河节制闸的闸前渠底

高程为 137.603m，渠道底宽为 19m，边坡系数为 2。某一段渠道的糙率以节制闸闸前（后）断面的糙率来表征。

选取陶岔节制闸、刁河节制闸和湍河节制闸的 7 组稳定工况实测数据，见表 3.7～表 3.9。

表 3.7　　陶岔节制闸工况表

日期 /(年-月-日)	时间 /(时：分)	闸前水位 /m	闸后水位 /m	开度 /m	实测流量 /(m^3/s)
2015-11-3	8：00	150.630	146.350	0.92/0/0.92	95.281
2015-11-7	8：00	150.580	146.380	0.95/0/0.95	98.562
2015-11-11	8：00	150.790	146.500	1.04/0/1.04	110.510
2015-11-14	8：00	151.140	146.690	1.18/0/1.18	124.810
2015-11-20	8：00	151.460	146.570	1.15/0/1.15	127.130
2015-11-22	8：00	151.430	146.540	1.13/0/1.13	127.300
2015-12-10	8：00	151.180	146.570	1.065/0/1.065	114.730

表 3.8　　刁河节制闸工况表

日期 /(年-月-日)	时间 /(时：分)	闸前水位 /m	闸后水位 /m	开度 /m	实测流量 /(m^3/s)
2015-11-3	8：00	146.340	145.345	0.84/0.82	80.210
2015-11-7	8：00	146.365	145.455	0.89/0.87	78.7
2015-11-11	8：00	146.485	145.545	0.99/0.97	90.450
2015-11-14	8：00	146.655	145.705	1.14/1.12	109.360
2015-11-20	8：00	146.515	145.615	1.22/1.17	108.730
2015-11-22	8：00	146.475	145.625	1.22/1.17	105.720
2015-12-10	8：00	146.535	145.515	1.03/0.98	97.900

表 3.9　　湍河节制闸工况表

日期 /(年-月-日)	时间 /(时：分)	闸前水位 /m	闸后水位 /m	开度 /m	实测流量 /(m^3/s)
2015-11-3	8：00	145.259	144.539	1.08/1.03/1.08	74.430
2015-11-7	8：00	145.379	144.419	0.93/0.93/0.93	76.030
2015-11-11	8：00	145.459	144.359	1.03/0.93/1.03	87.250
2015-11-14	8：00	145.589	144.459	1.13/1.18/1.13	103.560
2015-11-20	8：00	145.469	144.407	1.23/1.18/1.20	108.070
2015-11-22	8：00	145.459	144.407	1.18/1.18/1.20	103.360
2015-12-10	8：00	145.399	144.197	1.00/1.00/1.00	94.170

经过计算，各工况的水力半径和糙率结果见表 3.10～表 3.13。

表 3.10 陶岔节制闸闸后渠道糙率表

日期 /(年-月-日)	时间 /(时：分)	水力半径 /m	杨开林公式	美国垦务局公式	美国陆军工程兵团公式
2015-11-3	8：00	4.165	0.01527	0.01542	0.01373
2015-11-7	8：00	4.18	0.01527	0.01542	0.01373
2015-11-11	8：00	4.241	0.01528	0.01544	0.01375
2015-11-14	8：00	4.336	0.0153	0.01546	0.01377
2015-11-20	8：00	4.276	0.01529	0.01545	0.01376
2015-11-22	8：00	4.261	0.01528	0.01544	0.01375
2015-12-10	8：00	4.276	0.01529	0.01545	0.01376
平均		4.248	0.01528	0.01544	0.01375

表 3.11 刁河节制闸闸前渠道糙率表

日期 /(年-月-日)	时间 /(时：分)	水力半径 /m	杨开林公式	美国垦务局公式	美国陆军工程兵团公式
2015-11-3	8：00	4.876	0.01538	0.0156	0.0139
2015-11-7	8：00	4.889	0.01538	0.0156	0.0139
2015-11-11	8：00	4.951	0.01539	0.01562	0.01391
2015-11-14	8：00	5.039	0.01541	0.01564	0.01393
2015-11-20	8：00	4.966	0.0154	0.01562	0.01392
2015-11-22	8：00	4.946	0.01539	0.01561	0.01391
2015-12-10	8：00	4.977	0.0154	0.01562	0.01392
平均		4.949	0.01539	0.01561	0.01391

表 3.12 刁河节制闸闸后渠道糙率表

日期 /(年-月-日)	时间 /(时：分)	水力半径 /m	杨开林公式	美国垦务局公式	美国陆军工程兵团公式
2015-11-3	8：00	4.534	0.01533	0.01551	0.01382
2015-11-7	8：00	4.591	0.01534	0.01553	0.01383
2015-11-11	8：00	4.639	0.01535	0.01554	0.01384
2015-11-14	8：00	4.723	0.01536	0.01556	0.01386
2015-11-20	8：00	4.676	0.01535	0.01555	0.01385
2015-11-22	8：00	4.681	0.01535	0.01555	0.01385
2015-12-10	8：00	4.623	0.01534	0.01554	0.01384
平均		4.638	0.01535	0.01554	0.01384

表 3.13　　　湍河节制闸闸前渠道糙率表

日期/(年-月-日)	时间/(时：分)	水力半径/m	杨开林公式	美国垦务局公式	美国陆军工程兵团公式
2015-11-3	8：00	4.934	0.01539	0.01561	0.01391
2015-11-7	8：00	4.996	0.0154	0.01563	0.01392
2015-11-11	8：00	5.038	0.0154	0.01564	0.01393
2015-11-14	8：00	5.104	0.01542	0.01565	0.01395
2015-11-20	8：00	5.043	0.01541	0.01564	0.01393
2015-11-22	8：00	5.038	0.01541	0.01564	0.01393
2015-12-10	8：00	5.007	0.0154	0.01563	0.01393
平均		5.023	0.0154	0.01563	0.01393

通过上述表格结果中可得到如下结论：

(1) 对于同一个断面，水深越大，则水力半径越大，那么用同一个公式计算出来的糙率则越大。但是目前渠道流量变化不大，因此各工况的水力半径和糙率之间的差异极小，可用平均值来代替。

(2) 对于同一个断面的同一个工况，各公式计算出来的结果关系为：美国垦务局公式>杨开林公式>设计值 (0.015)>美国陆军工程兵团公式。

将各断面的糙率带入模型中计算渠道各工况的水面线，因为模型的输入是渠道流量和下节制闸闸前水位，所以分别对比陶岔节制闸和刁河节制闸的闸后水位。结果见表 3.14、表 3.15。

表 3.14　　　陶岔节制闸闸后水位模拟值-实测值结果表

日期/(年-月-日)	时间/(时：分)	设计糙率/cm	杨开林公式/cm	美国垦务局公式/cm	美国陆军工程兵团公式/cm
2015-11-3	8：00	5.4	5.4	5.5	4.4
2015-11-7	8：00	5.2	5.2	5.3	4.1
2015-11-11	8：00	6.3	6.3	6.5	5.1
2015-11-14	8：00	5.8	5.8	5.9	4.3
2015-11-20	8：00	5.1	5.1	5.3	3.5
2015-11-22	8：00	4.2	4.2	4.3	2.7
2015-12-10	8：00	4.7	4.7	5.1	3.6

表 3.15　　　刁河节制闸闸后水位模拟值-实测值结果表

日期/(年-月-日)	时间/(时：分)	设计糙率/cm	杨开林公式/cm	美国垦务局公式/cm	美国陆军工程兵团公式/cm
2015-11-3	8：00	−1.3	−1.3	−1.1	−2.5
2015-11-7	8：00	−0.2	−0.2	−0.1	−1.5

续表

日期 /(年-月-日)	时间 /(时：分)	设计糙率 /cm	杨开林公式 /cm	美国垦务局公式 /cm	美国陆军工程兵团 公式/cm
2015-11-11	8：00	0.3	0.3	0.5	−1.2
2015-11-14	8：00	−0.7	−0.7	−0.4	−2.5
2015-11-20	8：00	−2.1	−2.1	−1.8	−4.2
2015-11-22	8：00	−4.3	−4.3	−4	−6.1
2015-12-10	8：00	−1.3	−1.3	−1.1	−3

从表中数据可知，杨开林公式和美国垦务局公式计算出来的糙率得到的水面线和设计糙率得到的水面线差异极小，数量级为 mm，可忽略不计；美国陆军工程兵团公式计算出来的水面线和设计糙率得到的水面线差异相对较大，数量级为 cm。

从上述分析可知，现状渠道流量条件下，可用设计糙率来计算。随着渠道流量的增加或运行时间的增长，建议重新计算糙率。

3.5.3 水力学模型验证

因为渠道各断面的底高程、边坡和底宽都是定值，所以利用恒定流模型计算渠池蓄量的核心在于推求水面线。恒定流模拟是非恒定流模拟的初始条件，以某一时刻的各节制闸和分水口、退水闸等实时数据为已知条件进行计算，以 2015 年 11 月 1 日 8 点的数据接入模型计算，并对比各节制闸闸后水位，结果如图 3.7 所示。除了第 25 个节制闸闸后水位模拟与实测差距很大（因为第 26 个为穿黄隧洞节制闸，给的设计参数与实际运行参数不符，导致计算结果有问题），其余 55 个节制闸闸后水位模拟与实测的相对误差的平均值为 0.08%，模拟精度较高，表明模型具有较高的可信度。

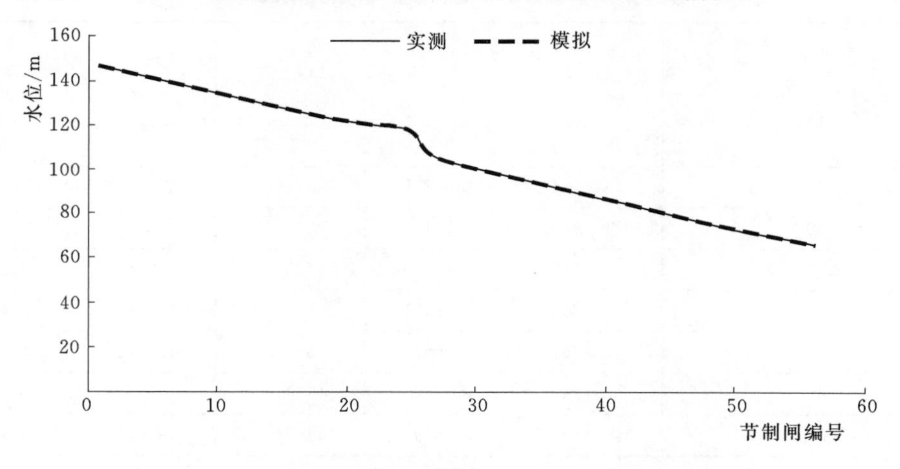

图 3.7 恒定流模拟闸后水位对比

3.5.4 渠段水位-流量-蓄量关系

闸前常水位运行过程中，不同的流量对应一条特殊的水面线，然而渠池的蓄水量又

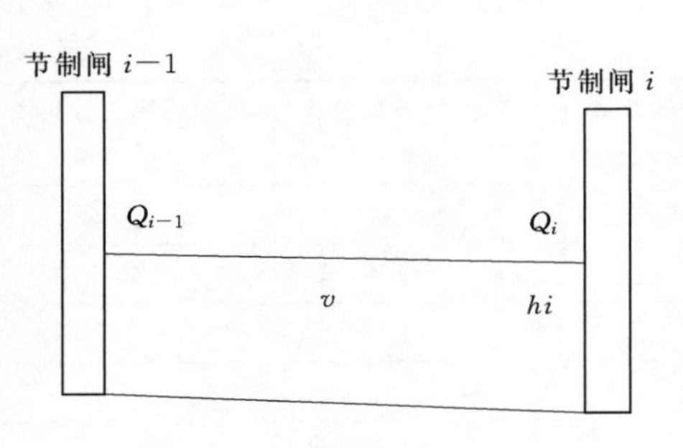

图 3.8　单渠段示意图

跟水面线一一对应。在系统运行控制中，各节制闸间蓄量决定了系统的调蓄和应对流量变化的能力，其大小取决于水面线及断面形式。在实际运行过程中，由于水位不断变化，蓄量也处于动态变化中。各节制闸间蓄量变化特性是控制模式选择和控制算法建立的重要参考。以单渠段（图 3.8）为例进行说明，在各节制闸间水面线计算的基础上，计算出各节制闸间不同水位、流量工况下对应的蓄量，并建立渠道水位-流量-蓄量关系表，见表 3.16。

表 3.16　　闸前水位-流量-蓄量关系

流量＼闸前水位	H_1	H_2	…	H_n
Q_1	V_{11}	V_{12}	…	V_{1n}
Q_2	V_{21}	V_{22}	…	V_{2n}
⋮	⋮	⋮	⋮	⋮
Q_m	V_{m1}	V_{m2}	…	V_{mn}

将流量和水位进行离散，建立了中线干线工程 63 个渠段的闸前水位-流量蓄量关系，可以方便、快速查询计算出某一流量和水位对应下的蓄量。表 3.17 展示陶岔节制闸-刁河节制闸的水位-流量-蓄量关系作为例子进行说明。

表 3.17　　第一个渠段的水位-流量-蓄量关系表

流量/(m³/s)＼蓄量/m³＼水位/m	146.8	147.15	147.3	147.56	147.66
350	4626675	4906649	5032097	5257011	5345980
300	4514764	4804878	4934310	5165655	5256945
250	4417043	4716480	4849546	5086718	5180101
200	4334661	4642365	4778623	5020882	5116081
150	4268838	4583461	4722366	4968814	5065501
100	4220761	4540640	4681537	4931121	5028916
50	4191450	4514624	4656763	4908292	5006772
0	4181597	4505895	4648457	4900645	4999357

3.5.5　分水口（退水闸）敏感性分析

分水口（退水闸）出流流量变化会引起渠道水位的波动，这一影响可用敏感性来表征。已有研究分析了分水口流量变化速率、分水变量占渠段流量比例和分水口流量变化

幅度这3个参数对敏感性的影响，结果表明敏感性仅由分水口流量变化幅度决定。但是，已有研究的敏感性分析是针对分水口（退水闸）流量变化后，分析分水口（退水闸）断面水位在1h内的变化速率。而南水北调中线干线工程以闸前常水位的方式运行，实际调度过程更关注节制闸闸前水位，并且渠道中的水尺也仅立在节制闸闸前闸后，分水口（退水闸）处没有水位测量，已有研究不符合实际运行调度管理的需求。因此，本研究分析分水口（退水闸）流量变化对渠池下节制闸闸前水位的影响，为工程实际运行调度管理提供技术支持。

以第1个渠池（陶岔渠首闸—刁河节制闸）的肖楼分水口为例，介绍敏感性求解过程。渠池初始状态假设为3种状态：节制闸闸前水位为设计水位，渠池流量分别为设计流量的30%、50%和70%；模型计算步长为600s；并假设各种流量变化均在在600s完成，刁河节制闸闸前水位在前1h的变化结果见表3.15。从表3.18中可发现，同一工况下，即使肖楼分水口分水流量变化的初值和末值不同，只要变化幅度相同，刁河节制闸水位变化就相同，结果见表3.19。

表3.18　　肖楼分水口流量变化各工况对应的闸前水位变化结果

分水流量变化/(m^3/s)	30%流量下的闸前水位变化/(m/h)	50%流量的闸前水位变化/(m/h)	70%流量的闸前水位变化/(m/h)
0→5	0.016	0.014	0.011
0→10	0.031	0.027	0.022
0→15	0.047	0.041	0.033
0→20	0.062	0.055	0.044
5→10	0.016	0.014	0.011
5→15	0.027	0.027	0.022
5→20	0.047	0.041	0.033
5→25	0.062	0.055	0.044
5→0	0.016	0.011	0.011
10→0	0.031	0.027	0.022
15→0	0.046	0.041	0.033
20→0	0.062	0.054	0.044

表3.19　　肖楼分水口各流量变化幅度对应的闸前水位变化结果

分水流量变化幅度/(m^3/s)	30%流量下的闸前水位变化/(m/h)	50%流量的闸前水位变化/(m/h)	70%流量的闸前水位变化/(m/h)	平均值/(m/h)	标准差/(m/h)
5	0.016	0.014	0.011	0.014	0.0025
10	0.031	0.027	0.022	0.027	0.0045
15	0.047	0.041	0.033	0.04	0.0070
20	0.062	0.055	0.044	0.054	0.0091

通过对表 3.19 所得数据的整理，进行曲线拟合，可以得到分水口流量变化幅度和闸前水位变化速率的关系曲线，如图 3.9 所示。

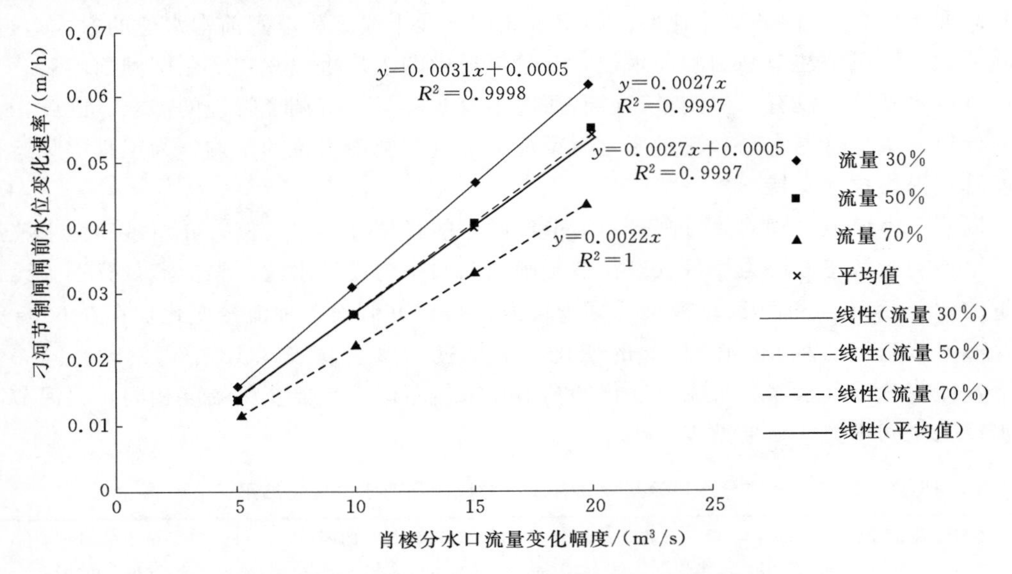

图 3.9　肖楼分水口流量变化幅度和闸前水位变化速率的关系曲线

在不同的渠道输水量下，拟合公式可表示为

30%的输水流量：$y=0.031x+0.0005$

50%的输水流量：$y=0.027x$

70%的输水流量：$y=0.0022x$

输水流量的平均值：$y=0.0027x+0.0005$

式中：y 为闸前水位变化的速率；x 为分水口流量的变化幅度。

渠道敏感性指标表示如下：

$$S=\Delta H/\Delta Q \tag{3.92}$$

式中：S 为基于闸前水位的敏感性指标；ΔH 为渠道在过渡过程中分水流量的变化幅度；ΔQ 为过渡过程中的分水流量。

可以看出该敏感性指标 S 即为上述分水流量变化与闸前水位变化速率的关系曲线的斜率。因此可确定出渠段流量分别设计流量的 30%、50%和 70%下的敏感性分别为 0.0031、0.0027 和 0.0022。而由闸前水位下降速率平均值求出的敏感性为 0.0027，因为各分水流量变化幅度下闸前水位下降速率的标准差为 0.0005（极小），因此 0.0027 即为肖楼分水口的敏感性指标，那么肖楼分水口允许的流量变幅为 55.6m³/s。

3.6　本章小结

本章针对南水北调中线输水渠系自身的特点，建立了一套应用于中线干渠的一维非恒定流水力学模型，对分水口、渐变段、倒虹吸、节制闸等不同水工建筑物组成复杂内

边界进行了处理，能求解上下游水深或水量，以及水深流量关系等多种问题，模型具有更好的稳定性、收敛性和通用性。除此之外，本章还建立了弧形闸门闸孔淹没出流流量系数的系统辨识方法，进行过闸流量计算时，精度较高，且此种方法通用性强，可应用到具有原型观测数据的弧形闸门过闸流量计算中，为工程安全运行提供支撑。

应用实测数据率定了各闸门的过流系数，确定了各渠段的糙率，并对水力学模型进行验证，表明模型精度高。随后建立了各段的水位-流量-蓄量关系表，方便管理部门应用；然后对分水口（退水闸）的敏感性进行了分析，对闸门调控提供技术支撑。

第 4 章
突发水污染模拟预测技术

4.1 数值模拟

在处理河流或渠道水质问题时，由于其水深和水面宽度相比于其长度来说很小，在发生污染后，经过一段很短的距离便可在断面上均匀混合，因此在处理此类水质问题时，常将其简化为一维水质问题进行处理，即污染物浓度在断面上均匀一致，只随流程方向发生变化。

水质模型是基于水力学模型（见 2.2.1 部分内容）建立并求解的，水力学模型计算出各断面/节点的流量和水位过程，作为水质模型的已知条件和输入参数，迭代计算得出水质浓度变化过程。

4.1.1 水质模型基本方程

在描述明渠一维水质问题时，常用如下控制方程：

$$\frac{\partial(AC)}{\partial t}+\frac{\partial(QC)}{\partial x}=\frac{\partial}{\partial x}\left(EA\frac{\partial C}{\partial x}\right)+AS_{\text{int}}+AS_{\text{ext}} \tag{4.1}$$

式中：C 为污染物断面平均浓度；A 为断面面积；Q 为断面平均流量；E 为纵向离散系数；S_{int}为内部源和漏而引起的水质浓度变化向，即化学反应增长或衰减项，通常也写作$\frac{\mathrm{d}C}{\mathrm{d}t}$，但其与$\frac{\partial C}{\partial t}$意义不同；$S_{\text{ext}}$为外部源项，如支流的影响等。

该方程可认为是从斯特里特—菲尔普斯所提出的稳态条件下一维河流水质模型扩展而来的，在使用过程中，有如下假定。

（1）模拟水体处于好氧状态。

（2）方程中的源漏项（S_{int} 和 S_{ext}）只考虑好氧微生物参与的 BOD（CBOD 和 NBOD）衰减反应，并认为该反应是符合一级反应动力学的，即 $S=-K_1L$，L 为 BOD 浓度。

（3）引起水体中溶解氧 DO 减少的原因，只是由于 BOD（CBOD 和 NBOD）降解所引起的，溶解氧 DO 的减少速率与 BOD 的降解速率相同；水体中的复氧速率与氧亏成正比，氧亏是指当前溶解氧 DO 浓度与水体达到溶解氧饱和时的溶解氧溶度之差。

4.1.2 各水质变量间的相互关系

参照 QUAL-Ⅱ综合水质模型，针对南水北调中线工程实际情况和需要，在建立中线干线工程水质模型时，考虑以下 9 种水质变量：①溶解氧（DO）；②氨氮；③亚硝酸氮；④硝酸氮；⑤生化需氧量（BOD）；⑥叶绿素-a；⑦可溶性磷；⑧假想的一种可降解物质；⑨假想的一种不可降解物质。可根据需要在模型中选择一种或多种水质变量进行模拟，各变量间的关系如图 4.1 所示。

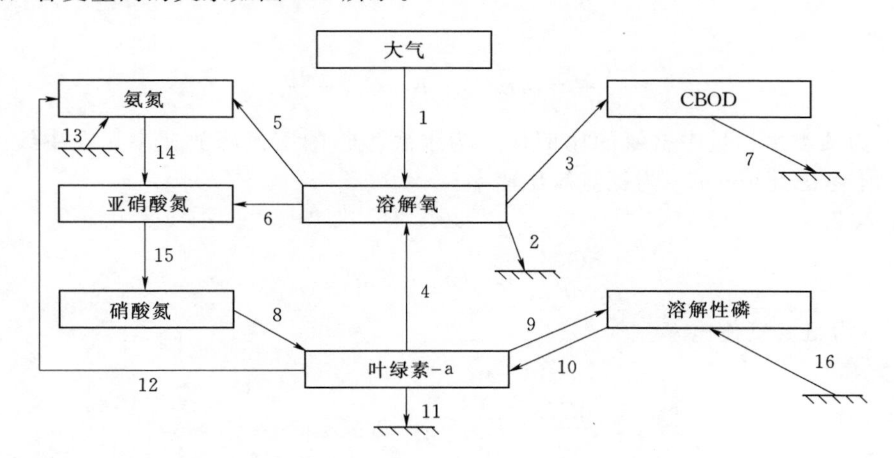

图 4.1 各水质变量间的相互关系图

1—水体复氧作用；2—底泥耗氧；3—碳化 BOD（CBOD）耗氧；4—藻类等生物的光合作用产氧；5—氨氮氧化过程耗氧；6—亚硝酸氮氧化过程耗氧；7—碳化 BOD（CBOD）的沉淀作用；8—藻类等生物对于硝酸氮的吸收；9—藻类等生物呼吸作用产生可溶性磷；10—藻类等生物对于可溶性磷的吸收；11—藻类等生物的死亡和沉淀；12—藻类等生物呼吸作用产生氨氮；13—底泥释放氨氮；14—氨氮经氧化转化为亚硝酸氮；15—亚硝酸氮经氧化转化为硝酸氮；16—底泥释放可溶性磷

图中以箭头的形式表示了除假想的可降解物质和不可降解物质外各水质变量之间的相互作用关系，各水质变量间相互作用关系以水体溶解氧含量为中心，发生一系列化学反应，同时也包含沉淀等物理过程。

由于南水北调中线工程总干渠为人工明渠，且工程对其引水水质要求较高，渠道内并不存在底泥，因此上图中底泥释放水质变量（13、16）以及底泥耗氧（2）的过程在建立中线工程总干渠水质模型时不予考虑。

针对上述 9 种不同的水质变量，其迁移方程具有相同的形式，只是化学反应增长或衰减项$\left(\frac{\mathrm{d}C}{\mathrm{d}t}\right)$有所不同，则针对每一种不同的水质变量，其化学反应增长或衰减项如下。

4.1.2.1 叶绿素-a

叶绿素-a 的反应过程如下：

$$\frac{\mathrm{d}C_A}{\mathrm{d}t}=\mu C_A-\rho_A C_A-\frac{\sigma_1}{H}C_A \tag{4.2}$$

式中：μ 为藻类生长率；ρ_A 为藻类呼吸速率；σ_1 为藻类沉淀速率；H 为平均水深。

4.1.2.2　氮循环

考虑一般情况下水体中存在 3 种不同形态的氮：氨氮、亚硝酸氮和硝酸氮，氨氮在一定情况下可氧化为亚硝酸氮，进一步氧化后可转化为硝酸氮。则 3 种物质的反应项分别如下：

氨氮：

$$\frac{\mathrm{d}C_{N1}}{\mathrm{d}t}=\alpha_1\rho_A C_A-K_{N1}C_{N1}+\frac{\sigma_3}{A} \tag{4.3}$$

式中：α_1 为藻类生物量中氨氮的比例；σ_3 为水底生物的氨氮释放速率，在中线工程总干渠中，不考虑此项；K_{N1} 为氨氮氧化速率。

亚硝酸氮：

$$\frac{\mathrm{d}C_{N2}}{\mathrm{d}t}=K_{N1}C_{N1}-K_{N2}C_{N2} \tag{4.4}$$

式中：K_{N2} 为氨氮氧化速率。

硝酸氮：

$$\frac{\mathrm{d}C_{N3}}{\mathrm{d}t}=K_{N2}C_{N2}-\alpha_1\mu C_A \tag{4.5}$$

4.1.2.3　碳化 BOD（CBOD）

碳化 BOD 的变化速率可参考一级反应动力学，则其反应项如下：

$$\frac{\mathrm{d}L}{\mathrm{d}t}=-K_1L-K_3L \tag{4.6}$$

式中：K_1 为碳化 BOD（CBOD）的降解速率；K_3 为由于沉淀作用而引起的碳化 BOD（CBOD）消耗速率。在碳化 BOD（CBOD）的变化过程中，只有降解时消耗溶解氧，沉淀过程并不消耗溶解氧。

4.1.2.4　溶解氧

溶解氧的反应项如下：

$$\frac{\mathrm{d}O}{\mathrm{d}t}=K_2(O_S-O)+(\alpha_3\mu-\alpha_4\rho_A)C_A-K_1L-\alpha_5K_{N1}C_{N1}-\alpha_6K_{N2}C_{N2}-\frac{K_4}{A} \tag{4.7}$$

式中：O_S 为溶解氧的饱和浓度；O 为溶解氧浓度；α_3 为单位藻类光合作用的产氧率；α_4 为单位藻类呼吸作用的耗氧率；α_5 为单位氨氮氧化时的耗氧率；α_6 为单位亚硝酸氮氧化时的耗氧率；K_2 为复氧系数；K_4 为底泥耗氧系数，在南水北调中线干线工程中不考虑此项；其余符号意义同前。

4.1.2.5　可降解物质与不可降解物质

任选可降解物质的反应项如下：

$$\frac{\mathrm{d}C_R}{\mathrm{d}t}=-K_6C_R \tag{4.8}$$

式中：K_6 为该可降解物质的降解速率，当其为 0 时，就得到了任选不可降解物质的对应反应方程。

4.1.2.6　水质变量外部源项

模型中，水质变量的外部源项主要考虑两个方面：①有支流汇入或分流出河渠；

②水质变量点源投入。

$$S_{\mathrm{ext}}=qC+S_C \tag{4.9}$$

式中：q 为河渠沿线单位长度汇入或分流出的流量；C 为汇入或分流出河渠的水质变量浓度；S_C 为水质变量点源浓度。

4.1.2.7 模型基本方程

将上述不同水质变量的反应项带入水质基本控制方程，即可得到模型基本方程：

$$\begin{cases}\dfrac{\partial C}{\partial t}+u\dfrac{\partial C}{\partial x}=\dfrac{\partial}{\partial x}\left(E\dfrac{\partial C}{\partial x}\right)+\dfrac{qC}{A}+S_C\\ \dfrac{\partial C_1}{\partial t}+u\dfrac{\partial C_1}{\partial x}=\dfrac{\partial}{\partial x}\left(E\dfrac{\partial C_1}{\partial x}\right)+\dfrac{qC_1}{A}+S_{C_1}-K_6C_1\\ \dfrac{\partial L}{\partial t}+u\dfrac{\partial L}{\partial x}=\dfrac{\partial}{\partial x}\left(E\dfrac{\partial L}{\partial x}\right)+\dfrac{qL}{A}+S_L-K_1L-K_3L\\ \dfrac{\partial C_A}{\partial t}+u\dfrac{\partial C_A}{\partial x}=\dfrac{\partial}{\partial x}\left(E\dfrac{\partial C_A}{\partial x}\right)+\dfrac{qC_A}{A}+S_{C_A}+\mu C_A-\rho_A C_A-\dfrac{\sigma_1}{H}C_A\\ \dfrac{\partial C_P}{\partial t}+u\dfrac{\partial C_P}{\partial x}=\dfrac{\partial}{\partial x}\left(E\dfrac{\partial C_P}{\partial x}\right)+\dfrac{qC_P}{A}+S_{C_P}+\alpha_2\rho_A C_A-\alpha_2\mu C_A\\ \dfrac{\partial C_{N1}}{\partial t}+u\dfrac{\partial C_{N1}}{\partial x}=\dfrac{\partial}{\partial x}\left(E\dfrac{\partial C_{N1}}{\partial x}\right)+\dfrac{qC_{N1}}{A}+S_{C_{N1}}+\alpha_1\rho_A C_A-K_{N1}C_{N1}\\ \dfrac{\partial C_{N2}}{\partial t}+u\dfrac{\partial C_{N2}}{\partial x}=\dfrac{\partial}{\partial x}\left(E\dfrac{\partial C_{N2}}{\partial x}\right)+\dfrac{qC_{N2}}{A}+S_{C_{N2}}+K_{N1}C_{N1}-K_{N2}C_{N2}\\ \dfrac{\partial C_{N3}}{\partial t}+u\dfrac{\partial C_{N3}}{\partial x}=\dfrac{\partial}{\partial x}\left(E\dfrac{\partial C_{N3}}{\partial x}\right)+\dfrac{qC_{N3}}{A}+S_{C_{N3}}+K_{N2}C_{N2}-\alpha_1\mu C_A\\ \dfrac{\partial O}{\partial t}+u\dfrac{\partial O}{\partial x}=\dfrac{\partial}{\partial x}\left(E\dfrac{\partial O}{\partial x}\right)+\dfrac{qO}{A}+S_O+K_2(O_S-O)+(\alpha_3\mu-\alpha_4\rho_A)C_A-K_1L\\ -\alpha_5K_{N1}C_{N1}-\alpha_6K_{N2}C_{N2}\end{cases} \tag{4.10}$$

式中：C、C_1、L、C_A、C_P、C_{N1}、C_{N2}、C_{N3}、O 分别为可降解物质、不可降解物质、BOD、叶绿素-α、溶解性磷、氨氮、亚硝酸氮、硝酸氮以及溶解氧的浓度；S_C、S_{C_1}、S_L、S_{C_A}、S_{C_P}、$S_{C_{N1}}$、$S_{C_{N2}}$、$S_{C_{N3}}$、S_O 分别为上述 9 种水质变量的点源浓度；E 为纵向离散系数；其余各系数参见上述各小节。

4.1.3 离散方程的推导

在不考虑渠道或河流边界处的情况下，可采用均衡域中物质质量守恒的概念推导水质方程，并得出离散方程格式。在均衡域内，物质完全混合，各处浓度保持一致，如图 4.2 所示。

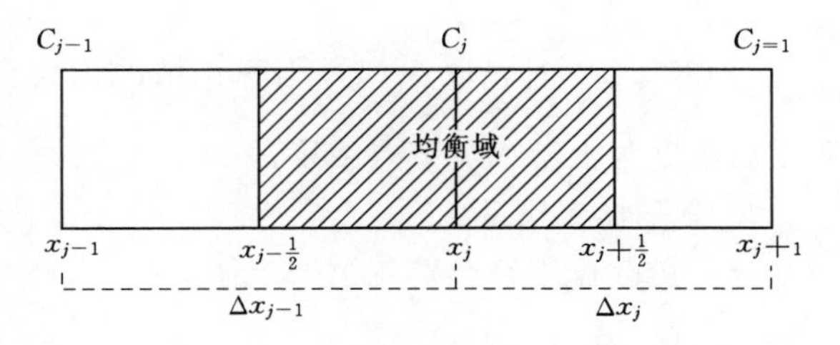

图 4.2 河道任意非边界断面均衡域示意图

图 4.2 中阴影部分即为均衡域。由图可知，均衡域体积为

$$V_j=\frac{1}{4}(A_{j-\frac{1}{2}}+A_j)\Delta x_{j-1}+\frac{1}{4}(A_{j+\frac{1}{2}}+A_j)\Delta x_j \tag{4.11}$$

式中：V_j 为 j 断面处均衡域体积；$A_{j-\frac{1}{2}}$、$A_{j+\frac{1}{2}}$ 分别为均衡域入口断面和出口端面面积，其中 $A_{j-\frac{1}{2}}=\dfrac{A_{j-1}+A_j}{2}$，$A_{j+\frac{1}{2}}=\dfrac{A_j+A_{j+1}}{2}$。

则均衡域体积为

$$V_j=\frac{1}{8}(A_{j-\frac{1}{2}}+3A_j)\Delta x_{j-1}+\frac{1}{8}(A_{j+\frac{1}{2}}+3A_j)\Delta x_j \tag{4.12}$$

则 Δt 时段内均衡域中水质变量质量变化量为

$$\Delta m=V_j^{i+1}C_j^{i+1}-V_j^iC_j^i \tag{4.13}$$

式中：i、$i+1$ 分别表示第 i 时层和 $i+1$ 时层。

水质变量在水体中浓度的变化是一种物理的、化学的和生物学的十分复杂的综合过程。其中物理过程包括移流作用、分子扩散作用、紊动扩散作用、离散作用、吸附与解吸以及沉降与再悬浮等；化学和生物学过程包括氧化反应、呼吸作用以及光合作用等。除此之外，水体内水质变量浓度还可能受到旁侧入流、突发点源等外部来源的影响。

4.1.3.1 移流离散作用对均衡域内水质变量的影响

1. 移流作用

对于某点水质变量沿 x 方向的移流通量 F_x 为

$$F_x=uC \tag{4.14}$$

式中：u 为某点 x 方向时均流速；C 为某点水质变量时均浓度。

则某一断面 Δt 时段内由于移流作用通过的水质变量质量为

$$m=AF_x\Delta t=A\,\overline{u}\overline{C}\Delta t=\overline{Q}\,\overline{C}\Delta t \tag{4.15}$$

式中带有“—”上标的变量为断面平均值，后文中省略上标。

则考虑 Δt 时段内通过移流作用流进和流出均衡域的水质变量质量分别为

$$m_{11}=Q_{j-\frac{1}{2}}C_{j-\frac{1}{2}}\Delta t \tag{4.16}$$

$$m_{12}=Q_{j+\frac{1}{2}}C_{j+\frac{1}{2}}\Delta t \tag{4.17}$$

式中：$Q_{j-\frac{1}{2}}=\dfrac{Q_{j-1}+Q_j}{2}$，$Q_{j+\frac{1}{2}}=\dfrac{Q_j+Q_{j+1}}{2}$；$C_{j-\frac{1}{2}}=\theta C_{j-1}+(1-\theta)C_j$，$C_{j+\frac{1}{2}}=\theta C_j+(1-\theta)C_{j+1}$，其中 θ 为上风因子，$0\leqslant\theta\leqslant1$。当 $Q_{j-\frac{1}{2}}>0$ 时，$\theta\geqslant\dfrac{1}{2}$；当 $Q_{j-\frac{1}{2}}\leqslant0$ 时，$\theta\leqslant\dfrac{1}{2}$；当 $Q_{j-\frac{1}{2}}>0$ 时，取 $\theta=1$，则称该情况为完全上风格式，该情况下进入均衡域的水质变量浓度为上游入流节点浓度。

2. 分子扩散作用

分子扩散作用符合费克第一定律：

$$M_m=-E_m\frac{\partial C}{\partial x} \tag{4.18}$$

式中：M_m 为某点 x 方向上的分子扩散通量；E_m 为分子扩散系数，其取值范围一般为 $10^{-9}\sim10^{-8}\mathrm{m^2/s}$。

则考虑 Δt 时段内通过分子扩散作用流进和流出均衡域的水质变量质量分别为

$$m_{21}=-E_{m,j-\frac{1}{2}}A_{j-\frac{1}{2}}\frac{C_j-C_{j-1}}{\Delta x_{j-1}}\Delta t \tag{4.19}$$

$$m_{22}=-E_{m,j+\frac{1}{2}}A_{j+\frac{1}{2}}\frac{C_{j+1}-C_j}{\Delta x_j}\Delta t \tag{4.20}$$

式中：$E_{m,j-\frac{1}{2}}$、$E_{m,j+\frac{1}{2}}$分别为$x_{j-\frac{1}{2}}$和$x_{j+\frac{1}{2}}$处的分子扩散系数，$E_{m,j-\frac{1}{2}}=\frac{E_{m,j-1}+E_{m,j}}{2}$，$E_{m,j+\frac{1}{2}}=\frac{E_{m,j}+E_{m,j+1}}{2}$。

3. 紊动扩散作用

与分子扩散作用类似，紊动扩散作用也可用费克第一定律形式表示：

$$M_t=-E_{tx}\frac{\partial C}{\partial x} \tag{4.21}$$

式中：M_t 为某点 x 方向上的紊动扩散通量；E_{tx} 为紊动扩散系数，对于雷诺数 $Re=10^4$ 左右的湍流流场，紊动扩散系数取值约为 $3.36\times10^{-4}\text{m}^2/\text{s}$。

则考虑 Δt 时段内通过紊动扩散作用流进和流出均衡域的水质变量质量分别为

$$m_{31}=-E_{tx,j-\frac{1}{2}}A_{j-\frac{1}{2}}\frac{C_j-C_{j-1}}{\Delta x_{j-1}}\Delta t \tag{4.22}$$

$$m_{32}=-E_{tx,j+\frac{1}{2}}A_{j+\frac{1}{2}}\frac{C_{j+1}-C_j}{\Delta x_j}\Delta t \tag{4.23}$$

式中：$E_{tx,j-\frac{1}{2}}$、$E_{tx,j+\frac{1}{2}}$分别为$x_{j-\frac{1}{2}}$和$x_{j+\frac{1}{2}}$处的紊动扩散系数，$E_{tx,j-\frac{1}{2}}=\frac{E_{tx,j-1}+E_{tx,j}}{2}$，$E_{tx,j+\frac{1}{2}}=\frac{E_{tx,j}+E_{tx,j+1}}{2}$。

4. 离散作用

离散作用表达式如下：

$$M_d=-E_d\frac{\partial C}{\partial x} \tag{4.24}$$

式中：M_d 为某点 x 方向上的离散输送通量；E_d 为离散系数，其取值可达 $10\sim10^3\text{m}^2/\text{s}$。

则考虑 Δt 时段内通过离散作用流进和流出均衡域的污染物质量分别为

$$m_{41}=-E_{d,j-\frac{1}{2}}A_{j-\frac{1}{2}}\frac{C_j-C_{j-1}}{\Delta x_{j-1}}\Delta t \tag{4.25}$$

$$m_{42}=-E_{d,j+\frac{1}{2}}A_{j+\frac{1}{2}}\frac{C_{j+1}-C_j}{\Delta x_j}\Delta t \tag{4.26}$$

式中：$E_{d,j-\frac{1}{2}}$、$E_{d,j+\frac{1}{2}}$分别为$x_{j-\frac{1}{2}}$和$x_{j+\frac{1}{2}}$处的离散系数，$E_{d,j-\frac{1}{2}}=\frac{E_{d,j-1}+E_{d,j}}{2}$，$E_{d,j+\frac{1}{2}}=\frac{E_{d,j}+E_{d,j+1}}{2}$。

5. 吸附与解吸以及沉降与再悬浮对均衡域内水质变量的影响

由于水源区丹江口水库水体较为清澈，含沙量较小，加之对于输水水质的要求较高，使得渠道内泥沙等固相物质的含量很小，因此在进行水质模拟时，忽略由此可能带

来的吸附与解吸以及沉降与再悬浮作用。

6. 移流离散作用对均衡域内水质变量的影响

由上述可知，离散系数远远大于分子扩散系数和紊动扩散系数，因此在处理河渠一维水质问题时，往往忽略分子扩散作用和紊动扩散作用，仅考虑移流作用和离散作用。则由于移流离散作用导致的均衡域内水质变量质量变化为

$$\begin{aligned}\Delta m_1 &= m_{11} - m_{12} + m_{41} - m_{42} \\ &= \Delta t\Bigg\{C_{j-1}\left(\theta Q_{j-\frac{1}{2}} + \frac{E_{d,j-\frac{1}{2}}A_{j-\frac{1}{2}}}{\Delta x_{j-1}}\right) \\ &\quad + C_j\left[(1-\theta)Q_{j-\frac{1}{2}} - \theta Q_{j+\frac{1}{2}} - \frac{E_{d,j-\frac{1}{2}}A_{j-\frac{1}{2}}}{\Delta x_{j-1}} - \frac{E_{d,j+\frac{1}{2}}A_{j+\frac{1}{2}}}{\Delta x_j}\right] \\ &\quad + C_{j+1}\left[-(1-\theta)Q_{j+\frac{1}{2}} + \frac{E_{d,j+\frac{1}{2}}A_{j+\frac{1}{2}}}{\Delta x_j}\right]\Bigg\}\end{aligned} \tag{4.27}$$

4.1.3.2　源汇项对均衡域内水质变量的影响

1. 水质变量的降解与相互作用对于均衡域内水质变量的影响

由 4.1.2 节可知，本文中认为各水质变量间相互作用导致水质变量浓度的变化过程均符合一级反应动力学方程，则在处理水质变量的降解和相互间作用时，采用零阶和一阶速率进行表征，其对应系数分别为 α_0 和 α_1，同时，认为“+”（正号）表示水质变量的减少，则考虑 Δt 时段内由于水质变量的降解与相互作用造成均衡域内水质变量浓度的增加量为

$$\Delta m_2 = \Delta t V_j(-\alpha_0 - \alpha_1 C_j) \tag{4.28}$$

2. 旁侧入流以及突发点源对于均衡域内水质变量的影响

当明渠沿线存在旁侧入流且入流中含相应水质变量或明渠中突发点源投入时，也将会对渠道内水质变量产生影响。假定单位长度旁侧入流量为 q，对应水质变量浓度为 C_q，单位时间突发点源投入水质变量质量为 m，则考虑 Δt 时段内由于旁侧入流以及突发点源造成均衡域内水质变量浓度的变化为

$$\Delta m_3 = \Delta t C_q q\left(\frac{\Delta x_{j-1}}{2} + \frac{\Delta x_j}{2}\right) + m\Delta t \tag{4.29}$$

4.1.3.3　离散方程最终形式

考虑到均衡域内物质质量守恒，则 Δt 时段内均衡域内水质变量的质量变化等于该时段内流入和流出均衡域内水质变量质量的总和，即

$$\Delta m = \Delta m_1 + \Delta m_2 + \Delta m_3 \tag{4.30}$$

将上述各式带入上式，有

$$\begin{aligned}V_jC_j - V_j^iC_j^i &= \Delta t\Bigg\{C_{j-1}\left(\theta Q_{j-\frac{1}{2}} + \frac{E_{d,j-\frac{1}{2}}A_{j-\frac{1}{2}}}{\Delta x_{j-1}}\right) \\ &\quad + C_j\left[(1-\theta)Q_{j-\frac{1}{2}} - \theta Q_{j+\frac{1}{2}} - \frac{E_{d,j-\frac{1}{2}}A_{j-\frac{1}{2}}}{\Delta x_{j-1}} - \frac{E_{d,j+\frac{1}{2}}A_{j+\frac{1}{2}}}{\Delta x_j}\right] \\ &\quad + C_{j+1}\left[-(1-\theta)Q_{j+\frac{1}{2}} + \frac{E_{d,j+\frac{1}{2}}A_{j+\frac{1}{2}}}{\Delta x_j}\right]\Bigg\} + \Delta t V_j(-\alpha_0 - \alpha_1 C_j)\end{aligned}$$

$$+\Delta t C_q q\left(\frac{\Delta x_{j-1}}{2}+\frac{\Delta x_j}{2}\right)+m\Delta t \tag{4.31}$$

式中不带上标的均为 $i+1$ 时层的变量值。

整理后可得：

$$\begin{aligned}&C_{j-1}\left(\theta Q_{j-\frac{1}{2}}+\frac{E_{d,j-\frac{1}{2}}A_{j-\frac{1}{2}}}{\Delta x_{j-1}}\right)\\&+C_j\left[(1-\theta)Q_{j-\frac{1}{2}}-\theta Q_{j+\frac{1}{2}}-\frac{E_{d,j-\frac{1}{2}}A_{j-\frac{1}{2}}}{\Delta x_{j-1}}-\frac{E_{d,j+\frac{1}{2}}A_{j+\frac{1}{2}}}{\Delta x_j}-\alpha_1 V_j-\frac{V_j}{\Delta t}\right]\\&+C_{j+1}\left[-(1-\theta)Q_{j+\frac{1}{2}}+\frac{E_{d,j+\frac{1}{2}}A_{j+\frac{1}{2}}}{\Delta x_j}\right]\\&=-\frac{V_j^i}{\Delta t}C_j^i+\alpha_0 V_j-C_q q\left(\frac{\Delta x_{j-1}}{2}+\frac{\Delta x_j}{2}\right)-m\end{aligned} \tag{4.32}$$

可将上式改写为

$$A_j C_{j-1}+B_j C_j+D_j C_{j+1}=E_j \tag{4.33}$$

式中：

$$A_j=\theta Q_{j-\frac{1}{2}}+\frac{E_{d,j-\frac{1}{2}}A_{j-\frac{1}{2}}}{\Delta x_{j-1}}$$

$$B_j=(1-\theta)Q_{j-\frac{1}{2}}-\theta Q_{j+\frac{1}{2}}-\frac{E_{d,j-\frac{1}{2}}A_{j-\frac{1}{2}}}{\Delta x_{j-1}}-\frac{E_{d,j+\frac{1}{2}}A_{j+\frac{1}{2}}}{\Delta x_j}-\alpha_1 V_j-\frac{V_j}{\Delta t}$$

$$D_j=-(1-\theta)Q_{j+\frac{1}{2}}+\frac{E_{d,j+\frac{1}{2}}A_{j+\frac{1}{2}}}{\Delta x_j}$$

$$E_j=-\frac{V_j^i}{\Delta t}C_j^i+\alpha_0 V_j-C_q q\left(\frac{\Delta x_{j-1}}{2}+\frac{\Delta x_j}{2}\right)-m$$

4.1.4 边界条件

与水动力学计算时考虑边界条件类似，在进行水质模拟时，也可以针对中线工程总干渠实际情况，将边界条件划分为外部边界条件和内部边界条件两大类。其中外部边界条件主要针对渠道系统的上游和下游；而内部边界条件主要考虑渠道系统内部的水工建筑物在运行过程中对于水质变量的影响，针对中线工程总干渠实际情况，这里仅针对分水口进行讨论。

4.1.4.1 中线渠道概化

在中线工程沿线众多的建筑物中，除分水口和退水闸等侧向出流外，其余建筑物并不会导致渠道内的水体流出渠道，同时中线工程也几乎不存在出现侧向入流的可能，因此在概化过程中，除分水口和退水闸等侧向出流外，其余建筑物均可概化为渠道。则参照 QUAL－Ⅱ模型中对节点的分类，中线工程共包含以下几类节点：①源头节点；②正常渠道节点；③含有点源的节点；④侧向出流上游节点；⑤侧向出流下游节点；⑥渠末节点。概化情况如图 4.3 所示。

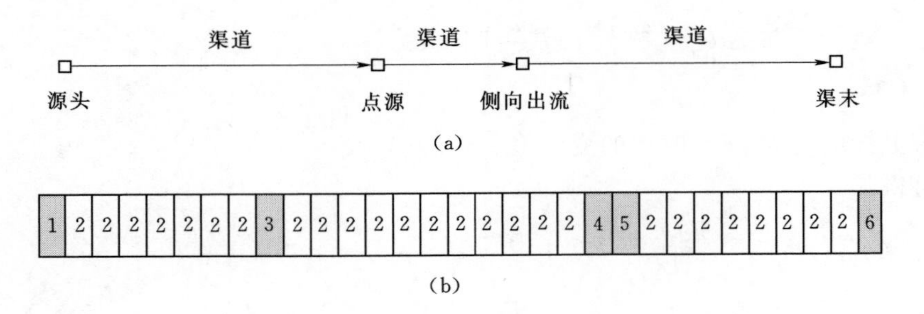

图4.3　渠道概化图

(a) 渠道概化图；(b) 节点类型分布图

4.1.4.2　外部边界条件

1. 上游边界条件

在考虑上游边界条件时，主要针对渠首断面及其均衡域，如图4.4中灰色部分所示。

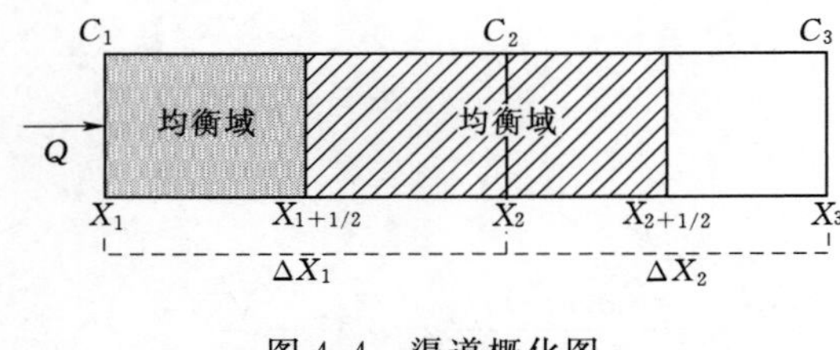

图4.4　渠道概化图

(1) 上游浓度已知的上游边界条件。认为上游浓度是随时间发生变化的，即

$$C=C_1(t) \tag{4.34}$$

由上式可知任意时刻渠首断面 x_1 的浓度 $C_{1,0}$，则可将其写作：

$$B_1C_1+D_1C_2=E_1 \tag{4.35}$$

式中：$B_1=1.0$，$D_1=0$，$E_1=C_{1,0}$。

(2) 上游水质变量通量已知的上游边界条件。通量已知即单位时间内通过 x_1 断面的水质变量质量已知，即

$$F_1=Q_1C \tag{4.36}$$

则由均衡域内质量守恒，参照4.1.4节中离散方程推导的过程可知：

$$C_1\left(-\theta Q_{1+\frac{1}{2}}-\frac{E_{d,1+\frac{1}{2}}A_{1+\frac{1}{2}}}{\Delta x_1}-\alpha_1V_1-\frac{V_1}{\Delta t}\right)+C_2\left[-(1-\theta)Q_{1+\frac{1}{2}}+\frac{E_{d,1+\frac{1}{2}}A_{1+\frac{1}{2}}}{\Delta x_1}\right]$$
$$=-Q_1C-\frac{V_1^i}{\Delta t}C_1^i+\alpha_0V_1-\frac{\Delta x_1}{2}C_qq-m \tag{4.37}$$

将其写作：

$$B_1C_1+D_1C_2=E_1 \tag{4.38}$$

式中：$B_1=-\theta Q_{1+\frac{1}{2}}-\frac{E_{d,1+\frac{1}{2}}A_{1+\frac{1}{2}}}{\Delta x_1}-\alpha_1V_1-\frac{V_1}{\Delta t}$；$D_1=-(1-\theta)Q_{1+\frac{1}{2}}+\frac{E_{d,1+\frac{1}{2}}A_{1+\frac{1}{2}}}{\Delta x_1}$；$E_1=-Q_1C-\frac{V_1^i}{\Delta t}C_1^i+\alpha_0V_1-\frac{\Delta x_1}{2}C_qq-m$；其余各变量意义同前所述。

2. 下游边界条件

与上游边界条件类似，在考虑下游边界条件时，主要针对渠末断面及其均衡域，如

图 4.5 中灰色部分所示。

(1) 下游浓度已知的下游边界条件。同样认为下游浓度也是随时间发生变化的，即

$$C=C_m(t) \tag{4.39}$$

由上式可知任意时刻渠末断面 x_m 的浓度 $C_{m,0}$，则可将其写作式 (4.33) 的形式，即

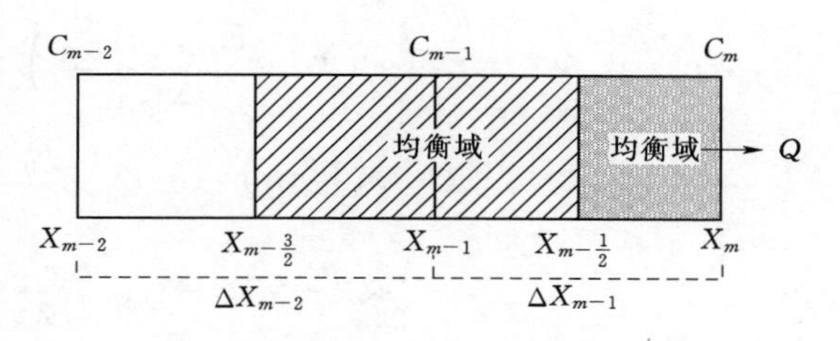

图 4.5 渠道概化图

$$A_mC_{m-1}+B_mC_m=E_m \tag{4.40}$$

式中：$A_m=0$；$B_m=1.0$；$E_m=C_{m,0}$。

(2) 下游水质变量通量已知的下游边界条件。对于渠道来说，通过渠末断面的水体水质变量浓度即为外界的水质变量浓度，故单位时间内通过 x_m 断面的水质变量质量为

$$F_m=Q_mC_m \tag{4.41}$$

则由均衡域内质量守恒，参照 4.1.3 节中离散方程推导的过程可知：

$$\begin{aligned}&C_{m-1}\left(\theta Q_{m-\frac{1}{2}}+\frac{E_{d,m-\frac{1}{2}}A_{m-\frac{1}{2}}}{\Delta x_{m-1}}\right)\\&+C_m\left[(1-\theta)Q_{m-\frac{1}{2}}-Q_m-\frac{E_{d,m-\frac{1}{2}}A_{m-\frac{1}{2}}}{\Delta x_{m-1}}-\alpha_1V_m-\frac{V_m}{\Delta t}\right]\\&=-\frac{V_m^i}{\Delta t}C_m^i+\alpha_0V_m-C_qq\ \frac{\Delta x_{m-1}}{2}-m\end{aligned} \tag{4.42}$$

将其写作：

$$A_mC_{m-1}+B_mC_m=E_m \tag{4.43}$$

式中：$A_m=\theta Q_{m-\frac{1}{2}}+\frac{E_{d,m-\frac{1}{2}}A_{m-\frac{1}{2}}}{\Delta x_{m-1}}$；$B_m=(1-\theta)Q_{m-\frac{1}{2}}-Q_m-\frac{E_{d,m-\frac{1}{2}}A_{m-\frac{1}{2}}}{\Delta x_{m-1}}-\alpha_1V_m-\frac{V_m}{\Delta t}$；$E_m=-\frac{V_m^i}{\Delta t}C_m^i+\alpha_0V_m-C_qq\ \frac{\Delta x_{m-1}}{2}-m$；其余各变量意义同前所述。

4.1.4.3 内部边界条件

如前所述，南水北调中线干线工程沿线建筑物种类众多，但其中的大多数建筑物对水体内水质变量的浓度影响均相对较小，因此在进行水质模拟时，仅对分水口处的水质变量变化规律进行分析。

中线工程干线沿线分水口的主要作用是将渠道内的水体引出渠道，从而分至各个受水区。若渠道内水体发生污染，且污染团流经分水口，则势必会有一定质量的污染物通过分水口离开渠道，导致渠道内水体的污染物总量发生变化。在处理分水口处的污染物时，本文认为分水口将渠道分为两段，如图 4.6 所示，图中分水口上游断面为 x_j，下游断面为 x_{j+1}。

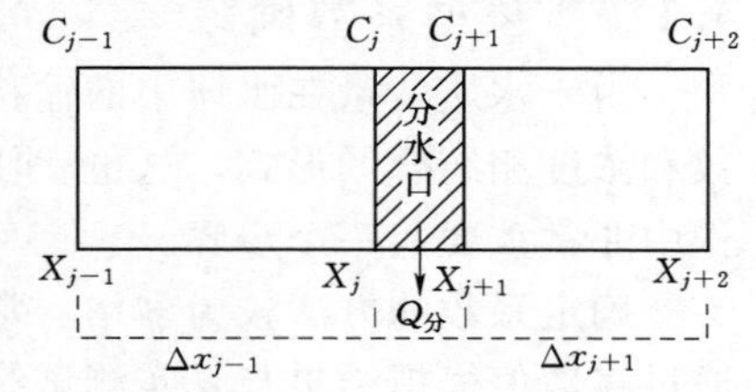

图 4.6 渠道概化图

1. 分水口上游

处理分水口上游渠段时，其处理方式与渠道外边

界中已知下游水质变量通量的外边界条件类似，则有

$$
\begin{aligned}
&C_{j-1}\left(\theta Q_{j-\frac{1}{2}}+\frac{E_{d,j-\frac{1}{2}}A_{j-\frac{1}{2}}}{\Delta x_{j-1}}\right)\\
&+C_j\left[(1-\theta)Q_{j-\frac{1}{2}}-Q_j-\frac{E_{d,j-\frac{1}{2}}A_{j-\frac{1}{2}}}{\Delta x_{j-1}}-\alpha_1 V_j-\frac{V_j}{\Delta t}\right]\\
&=-\frac{V_j^i}{\Delta t}C_j^i+\alpha_0 V_j-C_q q\ \frac{\Delta x_{j-1}}{2}-m
\end{aligned}
\tag{4.44}
$$

将其写作

$$A_j C_{j-1}+B_j C_j=E_j \tag{4.45}$$

式中：$A_j=\theta Q_{j-\frac{1}{2}}+\frac{E_{d,j-\frac{1}{2}}A_{j-\frac{1}{2}}}{\Delta x_{j-1}}$；$B_j=(1-\theta)Q_{j-\frac{1}{2}}-Q_j-\frac{E_{d,j-\frac{1}{2}}A_{j-\frac{1}{2}}}{\Delta x_{j-1}}-\alpha_1 V_j-\frac{V_j}{\Delta t}$；$E_j=-\frac{V_j^i}{\Delta t}C_j^i+\alpha_0 V_j-C_q q\ \frac{\Delta x_{j-1}}{2}-m$；其余各变量意义同前所述。

2. 分水口下游

处理分水口下游渠段时，可认为其与渠道外边界中已知上游水质变量通量的外边界条件类似，水质变量浓度为 C_j，则有

$$
\begin{aligned}
&C_j Q_{j+1}+C_{j+1}\left(-\theta Q_{j+1+\frac{1}{2}}-\frac{V_{j+1}}{\Delta t}-\frac{E_{d,j+1+\frac{1}{2}}A_{j+1+\frac{1}{2}}}{\Delta x_{j+1}}-\alpha_1 V_{j+1}\right)\\
&+C_{j+2}\left[-(1-\theta)Q_{j+1+\frac{1}{2}}+\frac{E_{d,j+1+\frac{1}{2}}A_{j+1+\frac{1}{2}}}{\Delta x_{j+1}}\right]\\
&=-\frac{V_{j+1}^i}{\Delta t}C_{j+1}^i+\alpha_0 V_{j+1}-\frac{\Delta x_{j+1}}{2}C_q q-m
\end{aligned}
\tag{4.46}
$$

将其写作

$$A_{j+1}C_j+B_{j+1}C_j+D_{j+1}C_{j+2}=E_{j+1} \tag{4.47}$$

式中：$A_{j+1}=Q_{j+1}$；$B_{j+1}=-\theta Q_{j+1+\frac{1}{2}}-\frac{V_{j+1}}{\Delta t}-\frac{E_{d,j+1+\frac{1}{2}}A_{j+1+\frac{1}{2}}}{\Delta x_{j+1}}-\alpha_1 V_{j+1}$；$D_{j+1}=-(1-\theta)Q_{j+1+\frac{1}{2}}+\frac{E_{d,j+1+\frac{1}{2}}A_{j+1+\frac{1}{2}}}{\Delta x_{j+1}}$；$E_{j+1}=-\frac{V_{j+1}^i}{\Delta t}C_{j+1}^i+\alpha_0 V_{j+1}-\frac{\Delta x_{j+1}}{2}C_q q-m$；其余各变量意义同前所述。

4.1.5 模型系数确定

由于水质变量在水体中的输移扩散规律较为复杂，因此描述此规律的方程多采用系数和浓度相结合的形式，这也就使得确定方程系数成为了描述水质变量输移扩散规律工作中非常重要的一个步骤。

确定系数的方法较为多用，常用的有以下几种：①建立数学模型并假定一组系数，通过将数值模拟结果与真实测试结果进行比对，随后根据比对结果对系数进行调整，重复若干次以确定各系数值；②通过现场试验的方式，向模拟水体内投入示踪剂，通过跟

踪监测示踪剂，利用试验资料进行推算；③利用经验公式进行估算。

由于南水北调中线工程的特殊性，想要在其中投入示踪剂进行现场试验存在着一定的困难，而鉴于其刚刚通水不久，水质监测数据尚不完善，因此本文在确定各参数时，主要依据同类研究以及经验公式。

对于纵向离散系数的确定，本文主要依据经验公式。采用费希尔 1975 年提出的经验公式：

$$E_d = 0.011 \frac{u^2 B^2}{H u_*} \tag{4.48}$$

其中

$$u_* = \sqrt{gHJ}$$

式中：u_* 为摩阻流速；J 为水力坡度；H 为断面水深；u 为断面平均流速；B 为断面平均宽度。

4.2 突发水污染快速预测

对于一些诸如南水北调中线大型跨流域调水工程，其输水渠道多为规整的棱柱形渠道，而且水流条件也很稳定。渠道发生突发点源污染时，在一维水质对流扩散模型基础上，若进一步满足水流恒定条件，则可采用一些快速预测技术对工程污染事件中污染物的运移与分布规律进行快速预测。

4.2.1 传质方程快速预测

当输水水流恒定或近似恒定时，可以根据突发污染物传质原理建立河段输入输出的传质方程，对污染物浓度分布进行更为快速的预测。

如图 4.7 所示，污染物质进入河渠后，在不考虑突发事件期间沿渠污染的降解、吸附以及源汇作用时，其一维对流扩散方程可简化为

$$\frac{\partial C}{\partial t} + u \frac{\partial C}{\partial x} = D \frac{\partial^2 C}{\partial x^2} \tag{4.49}$$

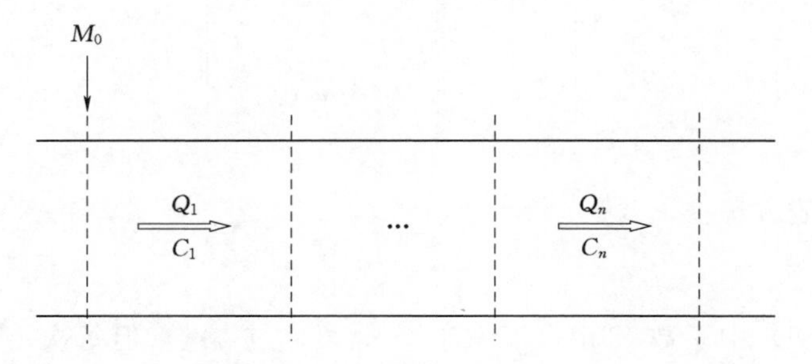

图 4.7 河渠污染物输运过程

输水渠道稳定输水情况下，式中流速 u 和纵向扩散系数（包括离散作用）都作为常数考虑，此时采用前向差分格式离散方程式（4.49），得到：

$$\frac{C_i^n - C_i^{n-1}}{\Delta t} + u\frac{C_i^n - C_{i-1}^n}{\Delta x} = D\frac{C_{i+1}^n - 2C_i^n + C_{i-1}^n}{\Delta x^2} \tag{4.50}$$

式中：Δt 为离散等时间步长；Δx 为离散均匀空间步长；浓度变量 C_i^n 上标 n 表示离散时间变量，i 表示离散空间变量，整理后有：

$$aC_{i-1}^n + bC_i^n + cC_{i+1}^n = C_i^{n-1} \tag{4.51}$$

式中：$a=-u\frac{\Delta t}{\Delta x}-D\frac{\Delta t}{(\Delta x)^2}$；$b=1+u\frac{\Delta t}{\Delta x}+D\frac{2\Delta t}{(\Delta x)^2}$；$c=-D\frac{\Delta t}{(\Delta x)^2}$。很明显，在前面设定条件下，$a$、$b$、$c$ 都是与时间，空间无关的常数。

对于从污染位置起的离散河渠断面 1，2，…，N，除首末断面外，都可以得到由式（4.51）表示的传质方程。同时，首断面为已知浓度边界（通常为实测污染发生位置处的浓度过程或由瞬时排放的污染物强度进行估算），下游边界则是自由传质边界，有

$$C_1^n = C_0(t), \left.\frac{\partial C}{\partial x}\right|_{x_N} = 0 \tag{4.52}$$

整理成式（4.51）的形式有

$$C_1^n + 0C_2^n = C_1^{n-1} = C_0[(n-1)\Delta t] \tag{4.53}$$

$$-C_{N-1}^n + C_N^n = 0 \tag{4.54}$$

记：

$$A=\begin{bmatrix} 1 & 0 & & & & \\ a & b & c & & & \\ & & & \vdots & & \\ & & & a & b & c \\ & & & & -1 & 1 \end{bmatrix}$$

则有

$$A\begin{pmatrix} C_1^n \\ C_2^n \\ \vdots \\ C_N^n \\ C_N^n \end{pmatrix} = d\begin{pmatrix} C_0[(n-1)\Delta t] \\ C_2^{n-1} \\ \vdots \\ C_{N-1}^{n-1} \\ C_N^{n-1} \end{pmatrix}$$

从而得到传质方程：

$$AC^n = C^{n-1} \tag{4.55}$$

方程式（4.55）中系数 $C^n=(C_1^n, C_2^n, \cdots, C_N^n, C_N^n)^T$，但每次由 C^{n-1} 推算 C^n 时，C^{n-1} 中分项 C_1^{n-1} 和 C_N^{n-1} 依次替换为 $C_0[(n-1)\Delta t]$ 和 0 代入式（4.55）中。

另外，由 $b=1+u\frac{\Delta t}{\Delta x}+D\frac{2\Delta t}{(\Delta x)^2}>0$，$a=-u\frac{\Delta t}{\Delta x}-D\frac{\Delta t}{(\Delta x)^2}<0$，$c=-D\frac{\Delta t}{(\Delta x)^2}<0$，且 $a+b+c=1>0$，可得到 $b>-a-c$，易判断矩阵 A 可逆。因此，对式（4.55）进

行变换，直接得到污染物传质计算迭代方程：

$$C^n = A^{-1} C^{n-1} \tag{4.56}$$

根据式（4.56），在已知上游边界条件 $C_0(t)$ 和初始条件 C^1 后就可以由式（4.56）对不同离散空间和时间点的浓度进行快速迭代计算。式（4.56）即为传质方程，矩阵 A^{-1}（或 A）即为传质矩阵。

基于传质方程的快速预测步骤为：

（1）根据已知渠道水流情况和扩散系数，并依据以及控制断面等分布依次确定时间步长 Δx 和 Δt，依次计算矩阵 A 和 A^{-1}。

（2）得到传质矩阵后，由已知污染发生情况估算渠道沿线污染物浓度初始分布情况，特别的，在突发污染快速预测中可假定初始浓度分布为 0，因此 C^1 为 0。

（3）根据污染发生位置处实测浓度过程或污染物排放强度估算上游入流浓度过程 $C_0(t)$。

（4）将 C_1^1 中首项替代为 $C_0(\Delta t)$，C_N^1 替代为 0。

（5）由边界浓度和初始浓度过程按式（4.56）以及（4）中的替代方式进行迭代计算，快速预测系列 C^2，C^3，…，C^n，实现污染物浓度快速预测。

4.2.2 经验公式快速预测

对于一维对流扩散方程，在污染物瞬时排放时，可由傅里叶变换或量纲分析进一步求得其解析解：

$$C(x,t) = \frac{M}{\sqrt{4\pi D t}} \exp\left[-\frac{(x-ut)^2}{4Dt}\right] \tag{4.57}$$

式中：M 为所排放污染物沿断面平均的初始面源强度，g/m^2。

很显然，式（4.57）表示的是断面处污染平均浓度，因此，公式适用于污染物混合均匀断面处的浓度计算。

根据余常昭的《环境流体力学导论》（1992），污染物横向混合过程长度可采用经验公式进行估算：

$$L = 0.4uB^2/D \tag{4.58}$$

式中：B 为水面宽，m。

在距污染发生位置 L 范围内，应考虑横向扩散的影响，可将式（4.57）扩展为考虑横向扩散作用的解析公式：

$$C(x,y,t) = \frac{M'}{4\pi t\sqrt{DD_y}} \exp\left[-\frac{(x-ut)^2}{4Dt} - \frac{y^2}{4D_y t}\right] \tag{4.59}$$

式中：D_y 为污染物横向扩散系数，m^2/s，可由经验公式进行估算或实验确定；M' 为所排放污染物沿水深平均的初始线源强度，g/m。

由此得到基一维对流扩散方程解析解的突发污染物瞬时放排浓度快速预测步骤如下：

（1）根据瞬时排放污染物强度或实测排放位置处浓度确定初始面源强度 M，并计算水流要素 u、B。

（2）计算污染物混合距离 L。

（3）在混合距离 L 范围内的污染物浓度采用式（4.59）进行快速预测，而在距离 L 范围外的污染物浓度可采用式（4.57）进行快速预测。

4.3　应用分析

本部分通过案例分析突发水污染水质模拟模型及快速预测模型在突发水污染事件中污染物浓度分布预测中的应用情况，从应用中对突发水污染模拟预测技术做进一步的介绍。

有一棱柱形梯形断面河道，长 10km，底宽 67.5m，边坡 2.5，底坡约 0.00015，河道糙率系数取为 0.027，河道上游较远处有一水库恒定泄流 $2000m^3/s$。假定某一时刻在河道上游断面右岸突然泄露了 1t 的可溶性难降解污染物质，试估算污染发生后下游出流断面处的污染物浓度变化过程以及 0.5h、1h、1.5h、2h 后河道的污染物浓度分布。

忽略污染物沿深度方向混合过程，由水流流场恒定，可分别采用一维、二维水质模型解析解进行快速预测。

首先计算河道水力要素如下：

（1）按明渠均匀流公式 $Q=AR^{2/3}\sqrt{i}n^{-1}$ 估算水深 $h=11.20m$。

（2）过流断面面积 $A=1069.60m^2$。

（3）断面平均流速 $u=1.87m/s$。

（4）断面水力半径 $R=8.34m$。

（5）断面摩阻流速 $u^*=\sqrt{gRi}=0.11m/s$。

（6）河道扩散系数估算 $D_x=D_y=0.15hu^*=0.18m^2/s$。

（7）包括弥散在内的纵向扩散系数估算 $D=6.01hu^*=7.4m^2/s$。

得到以上水力要素后分别采用 4.1 节数值模拟方法和 4.2 节给出的两种不同快速预测方法估算下游 5km 和 10km 处（出流断面）污染物浓度变化过程见图 4.8，其中数值方法采用的离散时间步长为 30s，空间步长为 10m。另外，为验证个模型的计算精度，还将各模型计算结果与 MIKE11 AD 模块计算结果进行对比。

从图 4.8 可看出，无论是采用一般条件下的数值模型进行模拟还是快速预测公式进行模拟，其模拟结果在浓度峰值和浓度峰现时间都很接近，模拟结果能较好地反映出污染物随河渠水流发生的运移规律。

根据图 4.8（a）和图 4.8（b）中与 MIKE11 比较结果可看出，对于本章节设定的输水工况，明显采用快速预测方法模拟的结果要比一般条件下的数值解更接近于 MIKE11 计算结果，而且经验公式预测的结果最佳。出现这种情况的原因，一方面，本

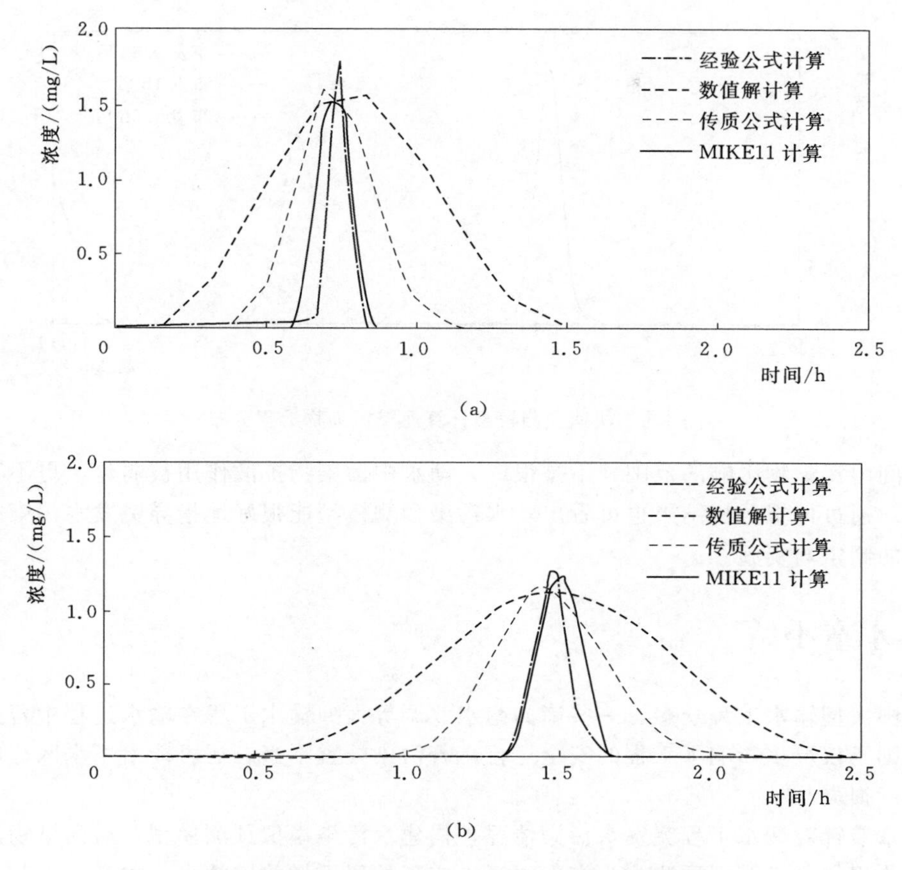

图 4.8 不同水质计算方法计算河道污染物浓度过程

(a) 下游 5km 处浓度过程；(b) 下游 10km 处浓度过程

章节采用的数值方法采用了均衡域的假定，在这种假定下，突发污染团若未充分扩散开而在空间范围内团聚时，数值方法会使模拟的污染物浓度偏大，这也是传质公式也出现了较其他模型污染历时延长的原因；另一方面，对于突发点源污染，本章节的处理技术是根据浓度瞬时、均匀融于首段河段且忽略了污染物在首段河段的消退过程，因此，数值方法模拟的峰值浓度出现了偏小的情况。

整体来说，对于水流恒定的输水工程来说，在突发水污染事故时，采用快速预测模型进行突发污染预测不仅能加快水污染的预测效率，而且采用经验公式进行预测还不受空间离散步长的影响，在应急工况下甚至能取得更好的模拟效果。

根据前面分析，选用经验公式的快速预测方法对 0.5h、1h、1.5h、2h 后河渠的污染物浓度分布进行模拟，结果见图 4.9。

从图 4.9 可看出，在水流 2000m^3/s 的流量下，污染事件发生大概 1.5h 后污染团到达河道出流断面，而 2h 时河道所剩污染物浓度已经很低了，可见如果输水工程发生水污染事故时，可采用加大流量的方法进行冲污可使污染物很容易被冲离污染区，并且在

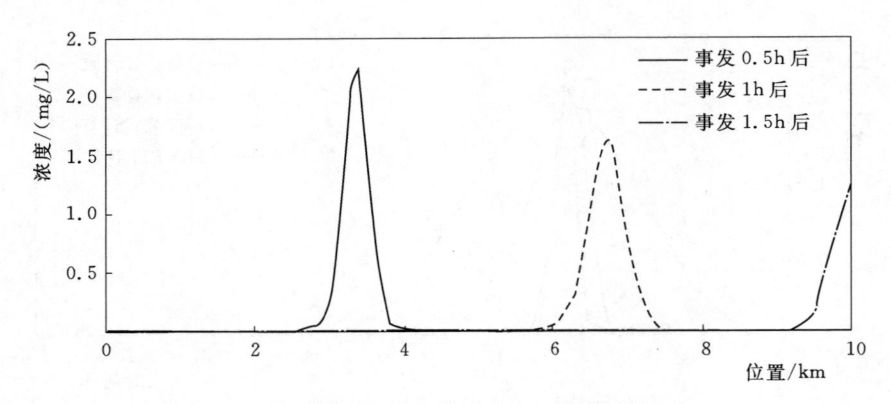

图 4.9　快速预测模型计算河渠污染物沿程分布

固定时间内污染物影响的范围并不是很广，动水中污染物扩散作用被弱化，更不容易污染水体。通过模拟分析结果也可看出，水污染预测模型能很好地指导突发水污染应急处置方案的制定与实施。

4.4　本章小结

我国大型输水工程众多，一些诸如南水北调等大型输水工程在输水过程中若突发水污染，则不仅严重影响了工程的安全运行，若污染处置不当，还可能给用水区造成重大生命财产损失。

本章节针对调水工程突发水污染情况，构建水污染模拟预测模型，对污染物沿河渠迁移转化规律进行模拟预测，为突发水污染应急处置提供关键技术。本章 4.1 节构建了基于均衡域差分离散方法的一维河渠水质计算模型，重点讨论了输水工程中 9 种常见污染物迁移转化规律的数值模拟方法，模型能模拟各种复杂水流条件和内边界条件下的污染物运移与分布。

本章 4.2 节为满足应急处置快速决策要求，对河渠水流及污染情况进行了适当的概化，并分别提出了基于传质方程和经验公式的水污染快速预测方法，有助于决策者对污染事件中污染的分布与转移情况做出更为高效的决策。通过应用分析，对于水流恒定的输水工程来说，在突发水污染事故时，采用快速预测模型进行突发污染预测不仅能加快水污染的预测效率，而且采用经验公式进行预测还不受空间离散步长的影响。因此，在跨流域调水工程突发污染应急处置中更推荐采用快速预测公式进行污染物分布规律的模拟与预测。

第5章 突发水污染追踪溯源技术

随着各种水污染事件频繁发生，污染物溯源研究愈来愈受到重视，尤其对于南水北调等跨流域大型输水工程来说，突发水污染事件的不定性加大了污染应急处置的难度。输水工程突发水污染应急处置的首要任务是在事发后第一时间判断出污染源，并针对所确定的污染源强度、发生位置、发生时间拟定出合理的应急处置方案，同时为突发水污染快速预警预测提供先决条件。突发水污染追踪溯源技术通过研究污染物在河渠中迁移转化规律，并依据所观测的污染物浓度过程推测污染源发生位置、时间以及强度从而实现污染事件重构，在突发水污染应急调控过程中发挥重要作用。

5.1 突发水污染追踪溯源基本原理

从本质上说，污染物浓度预测和污染物溯源都是属于污染物追踪溯源的过程，更确切地说，污染物浓度分布的预测可理解为污染物正向追踪的过程，而污染物溯源则可理解为逆向追踪与溯源的过程，如图5.1所示。

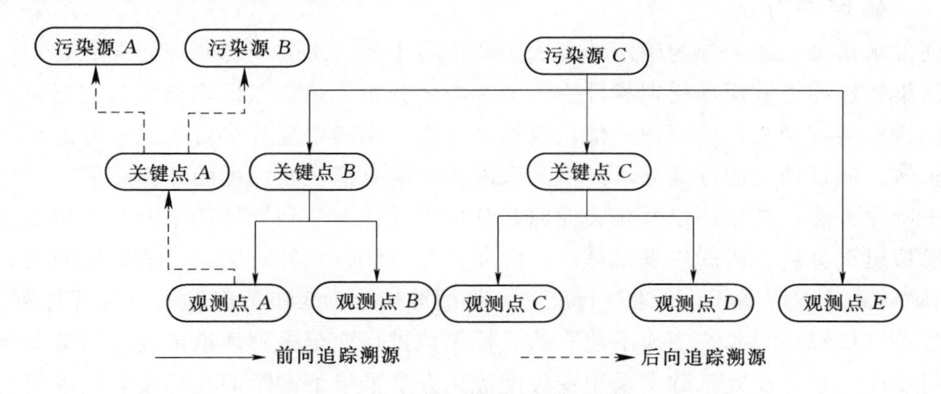

图5.1 突发水污染追踪溯源过程

根据污染事件发生信息，由第3章模拟预测技术确定事件发生过程中污染物的浓度过程是对污染物运移与去向的正向追踪，而通过污染物浓度分布等观测数据来追踪污染事件产生的过程、事件发生源等相关信息则是正向追踪的反问题。很明显，污染物溯源较浓度分布预测更为复杂，不仅涉及了追踪的过程，还要从逆向的角度对污染事件进行

重构，并且溯源作为预测的反问题具有非线性和不适定性。

根据突发水污染追踪溯源的内涵，突发水污染事件追踪溯源的定义可以分为5种类型：第Ⅰ类追踪溯源是指由已知污染物时空分布的部分信息（观测值）重构污染物质输运模型的未知系数，包括纵向弥散系数、横向弥散系数和降解系数等，这一类研究被称为参数识别研究问题；第Ⅱ类追踪溯源是指由观测值推求模型中的右端污染源（汇）项，包括污染源位置、排放强度和时间等，此类追踪溯源又被称为污染源（汇）项识别问题简称溯源问题；第Ⅲ类追踪溯源是由已知信息逆推初始条件，这一类型的研究又被称为逆时研究问题；第Ⅳ类追踪溯源是根据已知信息推求水体边界条件的类型或参数，即边界条件的逆推研究；第Ⅴ类追踪溯源是上述4种类型的混合。本章节研究的污染物溯源技术主要针对第Ⅱ类溯源问题展开，即源（汇）项识别问题。

突发水污染追踪溯源研究近年来才逐渐受到关注，常用研究方法主要有确定性方法和概率方法两大块。其中确定性方法主要是包括正则化方法、试错法以及最小二乘法、线性规划和相关系数等优化方法，方法具有较为明确的物理意义，但求解唯一，当信息不准时往往结果误差很大；而概率方法主要指基于贝叶斯推理和MCMC抽样的一类随机方法，方法给出较可靠的多个备选结果，但方法依赖于随机变量分布信息的掌握情况。本章节在常用追踪溯源方法基础上，介绍一种综合确定性方法和概率统计方法的河渠突发污染快速追踪溯源新方法，在不依赖于随机变量分布信息的前提下，为突发污染应急处置提供多组备选结果。

5.2　追踪溯源常用方法

5.2.1　确定性方法

突发水污染追踪溯源的确定性方法主要借鉴于地下水的溯源研究而发展起来，研究通过污染物迁移扩散模型模拟事件中污染物浓度分布，建立以模拟结果与实测观测结果之间的误差平方和为目标函数的优化模型，之后利用确定性算法对优化模型的目标函数进行求解，通过迭代的方式寻求同实际观测值之间有最佳匹配度的计算结果。经典的方法有正则化方法、试错法以及相关性回归分析等优化方法和发展起来的一些包括遗传算法、模拟退火算法在内的启发式算法。韩龙喜等（2001）针对试错法的繁琐问题，利用“正问题局部基本解展开”算法进行反演，将溯源转化为极小值问题进行最优控制求解。金忠青等（1993）对拉式变换下建立的目标函数进行变分得到河道浓度与污染源脉冲强度之间响应关系，在此基础上采用变尺度优化方法推求下游断面在环境容量控制下的污染源强度值。陈媛华等（2011）对一维单点源瞬时排放浓度计算表达式进行变换，推导得到了一个线性回归模型，并由回归分析求解排放源的排放位置、排放时间、排放强度以及河道的纵向离散系数。闽涛等（2004）采用遗传算法分别研究了一维河流的流速、扩散系数和衰减系数等多参数识别问题和一维对流-扩散方程的右端项识别问题。本部分以相关性回归分析方法为例对确定性方法进行简单介绍。

考虑第 4 章中快速模拟预测式（4.57），假定污染发生位置为 x_0，发生时间为 t_0，则有

$$C=\frac{M}{\sqrt{4\pi D(t-t_0)}}\exp\left\{-\frac{[(x-x_0)-u(t-t_0)]^2}{4D(t-t_0)}\right\} \tag{5.1}$$

对式（5.1）进行两端取对数变换得到

$$\ln C=aX+b \tag{5.2}$$

式中：$X=[(x-x_0)-u(t-t_0)]^2$；$a=-\frac{1}{4D(t-t_0)}$；$b=\ln\frac{M}{\sqrt{4\pi D(t-t_0)}}$。

对于一次固定的污染事件污染发生位置为 x_0，发生时间为 t_0 是唯一的常数，因此若能同时获知多个断面的浓度值，控制时间参数（$t-t_0$）为常数，则很容易判断 $\ln C$ 与 X（即观测位置 x）满足线性关系，可采用回归分析方法，构造线性相关优化模型：

$$R=\frac{\sum_{i=1}^{n}(\ln C_i-\overline{\ln C})(X_i-\overline{X})}{\sqrt{\sum_{i=1}^{n}(\ln C_i-\overline{\ln C})^2}\sqrt{\sum_{i=1}^{n}(X_i-\overline{X})^2}} \tag{5.3}$$

控制监测断面为变量，在取定 x_0 和 t_0 后，计算得到同一时间不同监测断面 x_i 处对应 X_i 以及得到同一时间对应监测位置的实测浓度 C_i。理论上，当取定 x_0 和 t_0 为真实发生位置和发生时间时，计算的 R 应为 1.0。

由此，通过式（5.3），污染物溯源问题转化为确定合适的 x_0 和 t_0，满足计算的 R 为最大，即 1。

求解可分 5 步进行：

（1）首先推算合适的 $x'=x_0+u(t-t_0)$，满足 R 取为最大 1.0，推算可采用求导的方式实现。

（2）由已知的 x' 计算同一时间不同观测断面对应 X_i，再结合式（5.2）拟合 $\ln C$ 与 X，计算对应斜率 a 和截距 b，由此可以计算得到 t_0。

（3）由计算的斜率 a 可推算出时间参数 $t_0=t+\frac{1}{4Da}$，再结合已知的 x' 可推算 $x_0=x'-u(t-t_0)$，结合已知的 b 可推算初始面源强 $M=\sqrt{4\pi D(t-t_0)}\exp(b)$。

（4）由估算的污染位置 x_0 处 t_0 时间过水断面面积 A 计算所排放污染物强度为 MA。

（5）考虑到拟合误差以及观测误差的存在，将计算得到的 x_0 和 t_0 回代计算 R，判断 R 是否为 1，若 R 取值为 1（或误差很小），则完成溯源计算，否则回到步骤（2），适当调整斜率 a 和截距 b，重新计算 x_0 和 t_0。

从上述求解过程可看出，模型要求同时有多个断面的观测数据才能实现突发点源污染的溯源工作。

5.2.2 概率统计方法

由于溯源问题具有不适定性，在确定性方法求解时，观测误差或模型计算误差可能

会使结果产生较大偏差，溯源结果失真，由此随机方法被引入到突发污染物追踪溯源研究中，其中以一类基于贝叶斯推理和 MCMC 抽样的概率统计方法应用最多。贝叶斯推理是以概率论为理论基础的一种能反映河渠突发水污染事件不确定性的方法，它在充分利用了似然函数和待求参数的先验信息基础上，求解待求参数的后验概率分布，再通过相应的抽样方法得到污染源各参数的估计值，该方法能给出水污染事件追踪溯源结果的一种随机分布函数。因此，基于贝叶斯推理的方法主要是对突发水污染事件的发生概率进行估计，它能得到追踪溯源结果的后验概率分布，而非单一解，同时能量化追踪溯源结果的不确定性，可以提供更多的关于突发水污染事件追踪溯源的信息。为有效获取突发水污染追踪溯源结果的估计值，需要贝叶斯推理与相关抽样方法结合，如马尔可夫链蒙特卡罗（Markov Chain Monte Carlo，MCMC）和随机蒙特卡罗（Monte Carlo，MC）等抽样方法。其中，MC 方法是一种不管初始值是否远离真实值时均容易收敛到次优解的估计方法，因此该方法得到追踪溯源结果的准确率不高。通过将贝叶斯推理与 MC 方法或 MCMC 方法结合方式迭代得到的追踪溯源结果的分布函数，能够弥补 MC 方法的不足。MCMC 方法是通过随机游动得到的一条足够长的 Markov 链，这样才能保证抽样结果接近于追踪溯源结果的后验分布，即用 Markov 链的极限分布来表示追踪溯源结果的后验概率密度函数。因此，MCMC 方法推广了贝叶斯推理在环境污染事件追踪溯源研究中的应用。

本部分以 Bayesian - MCMC 方法为例对概率统计的溯源方法进行简要介绍。方法将追踪溯源研究模型中所有变量视为随机变量，并认为突发性水污染事件追踪溯源问题的解为一个概率分布，通过贝叶斯方法将问题解的先验信息转化为先验概率分布，再结合观测数据信息，利用观测值与模型计算值之间的似然函数由马尔科夫链随机抽样过程得到所求问题解的后验概率分布。方法主要过程如下。

（1）将溯源基本问题模型化，并采用合理的概率分布函数来量化有关追踪溯源解（污染源强、发生位置、发生时间）的先验信息量。

（2）在河渠水流水质耦合模拟模型基础上，结合事发现场相关信息及事发水域水文资料，选择和建立合理的似然函数。

（3）基于先验概率分布和似然函数得到追踪溯源解的后验概率分布函数。

对追踪溯源解后验概率分布进行抽样，从而得到突发水污染事件追踪溯源解的估计值。

首先，将将观测数据采集前所有关于未知参数向量 θ 的先验信息概率分布表述为 $p(\theta)$。获取观测数据后，通过贝叶斯推导得到的未知参数的后验分布为 $p(\theta|d)$，满足

$$p(\theta|d)=p(\theta)p(d|\theta)/p(d) \tag{5.4}$$

式中：θ 代表污染源三参数；d 代表污染物浓度测量值。

$p(d)$ 是测量值的概率分布，显然 $p(d)$ 与参数 θ 无关，实测浓度已知的情况下，$p(d)$ 可以理解为取值为 1，由此有

$$p(\theta|d)=p(\theta)p(d|\theta) \tag{5.5}$$

式（5.5）中参数 θ 先验分布 $p(\theta)$ 可以认为是对应参数在先验取值范围内的均匀

分布，有

$$p(\theta)=\prod U(\theta_i) \tag{5.6}$$

因此，要求出污染源参数后验分布 $p(\theta|d)$，需先确定分布 $p(d|\theta)$，可定义为测量值与预测值之间的似然函数（测量值后验分布本质上是围绕真值的误差分布）。令 d_i、$C_i(x, t|\theta)$ 和 $p(d_i|\theta)$分别为第 i 个测点的测量值、预测值和似然函数，$\varepsilon_i=d_i-C_i(x, t|\theta)$ 为测量误差，$i=1, 2, \cdots, N$。假定误差 ε_i 服从均值为 0、标准偏差为 ε_i 的正态分布且每个测量点相互独立，则有

$$p(d \mid \theta)=\prod_{i=1}^{N} p(d_i \mid \theta)=\frac{1}{(\sqrt{2\pi\sigma})^N}\exp\left\{-\sum_{i=1}^{N}\frac{[d_i-C_i(x,t \mid \theta)]^2}{2\sigma^2}\right\} \tag{5.7}$$

从而可以得到污染源参数后验分布 $p(\theta|d)$：

$$p(\theta \mid d)=p(\theta)p(d \mid \theta)=\prod U(\theta_i)\frac{1}{(\sqrt{2\pi\sigma})^N}\exp\left\{-\sum_{i=1}^{N}\frac{[d_i-C_i(x,t \mid \theta)]^2}{2\sigma^2}\right\} \tag{5.8}$$

然而由于 $C_i(x, t|\theta)$ 比较复杂或模型参数空间和维数都较大，使得 $p(\theta|d)$ 非常抽象并难以直观表示出来，因此直接贝叶斯方法几乎不能直接解决实际问题，依靠马尔可夫链蒙特卡洛方法的使得这种问题得到解决。按照构造马尔可夫链所用转移概率矩阵的不同，MCMC 方法的主要抽样算法有：Gibbs 抽 样算法、Metropolis - Hastings 算法和自适应 Metropolis 算法，其中自适应 Metropolis 算法对于 θ 的任何先验分布都能够收敛于目标分布，因此选用该方法进行抽样。

基于上述推导过程，基于贝叶斯推理和马尔可夫链蒙特卡洛方法的突发污染追踪溯源主要步骤如下：

（1）设定 $i=0$，对不同变量进行初始化。

（2）随机变量生成与接受，构造 Markov 链。

1）产生均匀分布的先验参数 $\theta=\theta(m, x_0, t_0)$。

2）由产生的污染源参数，根据第 3 章方法计算观测点上的浓度值。

3）由式（5.8）计算似然函数 $p(\theta|d)$。

4）由下式计算 Markov 链接受概率。

$$\alpha=\min\left\{1,\frac{p(\theta^* \mid d)}{p(\theta_i \mid d)}\right\}$$

5）产生一个 0～1 之间均匀分布的随机数 R，若 $R<\alpha$，则接受该次测试参数，取 $\theta_{i+1}=\theta^*$，否则保留原有参数 $\theta_{i+1}=\theta_i$。

（3）重复 1）～5）的步骤，直到达到预定迭代次数或获得污染源项参数预设定的后验样本数，然后统计各参数的后验分部规律，完成溯源计算。

从上述过程可看出，概率统计方法很依赖于参数的先验取值范围和计算误差分布信息，而且参数先验范围较大时，采用均匀分布随机生成参数值收敛速度很慢。另外，方法依靠马尔科夫链蒙特卡罗随机抽样实现求解，因未能对已有结果进行择优判断而不具有方向性，也使得溯源效率较低。

5.3　耦合概率密度方法

5.3.1　基本原理与方法模型建立

根据前面常用方法的介绍与分析，确定性方法具有较为明确的物理意义，但求解唯一，当信息不准时往往结果误差很大，而概率统计方法虽可给出较可靠的多个备选结果，但方法依赖于随机变量分布信息的掌握情况。从研究趋势来看，综合确定性方法和概率方法优势的新一代溯源方法将会成为污染物追踪溯源研究的前景方向。本章节提出的偶和概率密度方法综合了确定性方法和概率方法，在智能算法基础上，构建基于耦合概率密度方法（Coupled Probability Density Function，C－PDF）的突发水污染溯源模型。模型以水动力计算为基础，考虑系统观测误差，通过对污染物正向浓度分布概率密度与逆向位置概率密度进行相关性分析，构建以污染源位置和释放时间为参数的优化模型，然后利用 DEA 方法实现模型求解。在这基础上，依据污染物正向浓度分布概率密度函数构建最小值优化模型求解污染源强度。

突发事件中，污染物质多数以点源形式进入河道随水流在河道中迁移转化。本文在国内外追踪溯源研究基础上，基于污染物在河道中迁移转化规律，构建基于耦合概率密度方法的河道突发水污染一维溯源模型，并依据所观测的污染物浓度过程推测污染源从而实现污染事件重构。模型以一维水动力计算为基础，考虑系统观测误差，通过对污染物正向浓度分布概率密度与逆向位置概率密度进行相关性分析，构建以污染源位置和释放时间为参数的优化模型，同时依据污染物正向浓度分布概率密度函数构建最小值优化模型求解污染源强度。

河道中不同断面处的污染物浓度大小可表示成对应时刻微小物质颗粒出现在该断面的统计量。统计上，物质颗粒出现在某一位置的可能性大小可由概率函数来表达，污染物质在河道中的浓度分布也可由某一概率密度函数来描述。反之，在污染源未知的情况下，河道中某一断面所观测到的污染物质可能来源于上游任意位置，这一位置的可能性大小也可用概率密度函数来描述。考虑到污染物溯源是污染物浓度分布的反问题，将描述污染物浓度分布的概率密度函数称为正向浓度概率密度函数，而描述污染源在不同位置可能性大小的概率密度函数称为逆向位置概率密度函数。由概率密度函数定义，可将浓度进行归一化后求得正向概率密度函数。

由 $\int_x C(x,t)\mathrm{d}x = m_0$，可以对 $C(x,t)$ 归一化，公式如下：

$$c(x,t)=C(x,t)/m_0 \tag{5.9}$$

式中：$c(x,t)$ 为 $C(x,t)$ 对应的正向浓度分布概率密度值，具有 m^{-1} 的量纲，表示了污染物质 t 时刻出现在 x 断面的概率。

根据 Neupauer 和 Wilson 推导，正向浓度输运与逆向位置溯源互为伴随过程。对于一维河道，以 $P(x_s,t')$ 表示由观测断面 x_d 判定的 t' 时刻污染源在 x_s 处的概率（即污染物质由 x_s 断面经时间 t_d-t' 输运到 x_d 断面的概率），则 $P(x_s,t')$ 满足对流扩散方程

式（5.9）的伴随状态方程以及归一化条件［$P(x_s,t')$ 也具有 m^{-1}的量纲］，见下式：

$$-\frac{\partial P(x_s,t')}{\partial t}+\frac{\partial[uP(x_s,t')]}{\partial x}+D\frac{\partial^2 P(x_s,t')}{\partial^2 x}=0 \tag{5.10}$$

$$P(x_d,t_d)=1 \tag{5.11}$$

式中：t'为逆向计算时间点；t_d 为污染物浓度观测时间点。

式（5.11）表示污染物质未发生输运（$t'=t_d$）而出现在观测断面时，污染源只能是在观测断面处。

类似于浓度输运过程，可将式（5.10）视为位置概率输运过程。同样 u 恒定时，可得到类似于式（4.57）的解析解，如下：

$$P(x_s,t')=\frac{1}{\sqrt{4\pi D(t_d-t')}}\exp\left\{-\frac{[x_d-x_s-u(t_d-t')]^2}{4D(t_d-t')}\right\} \tag{5.12}$$

比较式（4.57）和式（5.12）可看出，$P(x_s，t')$ 与 $C(x，t)$ 形式完全一致。事实上，式（4.57）和式（5.12）的关系决定了不管流场如何，$P(x_s，t')$ 与 $C(x，t)$ 两者关系都可由图 5.2 进行确定，图中箭头表示输运（移流项）方向。

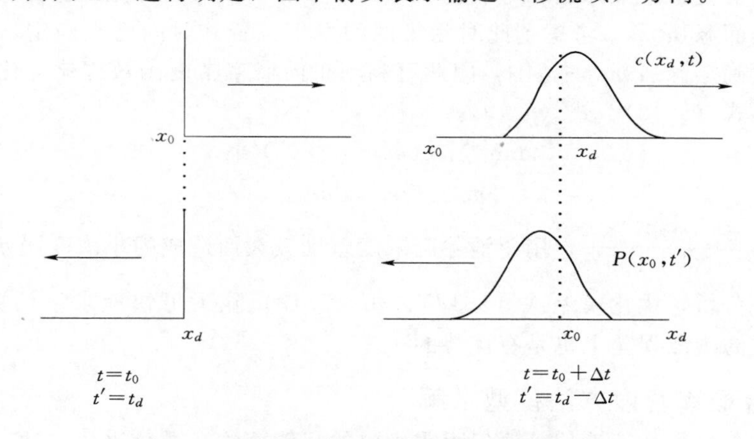

图 5.2 正向浓度输运与逆向位置概率输运过程

污染物浓度分布与溯源互为反问题，但这两问题本质上遵循同一物理规律。图 5.2 表明，当 $t-t_0=t_d-t'$时，污染物质从源 x_0 经时间 $t-t_0$ 运动到断面 x_d 处的概率 $c(x_d，t)$，与观测者位于断面 x_d 处判断污染物由断面 x_0 经时间 t_d-t'运动到断面 x_d 处的概率相等。即当 $t-t_0=t_d-t'$时，式（5.13）成立：

$$P(x_0,t')=c(x_d,t) \tag{5.13}$$

由图 5.2 和式（5.13）也可看出，正向浓度输运过程与逆向位置概率输运过程具有高度耦合性，两者除了时间计算方向相反外，其余完全一致。由于 $P(x_s，t')$ 与源强无关，给定 $x_s=x_0$，$t'=t_d+t_0-t$ 时，$P(x_s，t')$ 可以由式（5.10）或式（5.12）直接计算，因此可基于式（5.13）这种耦合关系以 $P(x_s，t')$ 替代 $C(x_d，t)$，构建线性相关模型实现溯源计算。

假设观测浓度系列为 C_i，计算得到的对应位置概率密度系列为 P_i，$i=1$，2，…，n，

依据前面推导可得两个系列相关系数 r 表达式为

$$r=\frac{\sum_{i=1}^{n}(C_i-\overline{C})(P_i-\overline{P})}{\sqrt{\sum_{i=1}^{n}(C_i-\overline{C})^2}\sqrt{\sum_{i=1}^{n}(P_i-\overline{P})^2}} \tag{5.14}$$

式中：$\overline{C}$、$\overline{P}$分别为系列 C_i 和 P_i 的算数平均值。

根据式（5.14）可构建如下目标函数：

$$\min[abs(1-r)] \tag{5.15}$$

约束条件为 x_0 与 t_0 的取值范围，由先验信息给定，一般是现场调查或由已有资料分析得出，见式（5.16）和式（5.17）：

$$x_{0\min}\leqslant x_0'\leqslant x_{0\max} \tag{5.16}$$

$$t_{0\min}\leqslant t_0'\leqslant t_{0\max} \tag{5.17}$$

通过求解上述优化模型，可得到污染源的排放位置 x_0 与排放时间 t_0。

优化模型实现了污染源强度与位置和时间参数的解耦，故可先确定位置和时间参数后再确定污染面源强 m_0。考虑到此时污染源的发生位置和时间已经确定，并且由前一个模型可大致确定源强 m_0 的范围，因此可利用正向概率密度函数构建优化模型进一步推算源强，见式（5.18）、式（5.19）。

目标函数

$$\min[\sum\omega_i(m_0*c_i-C_i)^2] \tag{5.18}$$

约束条件

$$m_{0\min}\leqslant m_0\leqslant m_{0\max} \tag{5.19}$$

式中：系数 $\omega_i=\frac{1}{(C_i+1.0)^2}$，用于消除因浓度差别较大而造成的小浓度误差损失。

经过验证分析，优化模型式（5.18）、式（5.19）除了可快速求解污染源强度 m_0 外，模型在过滤观测误差上也是有优势的。

5.3.2　耦合概率密度方法模型求解

模型采用一种类似于遗传算法但无需编码的智能算法—微分进化方法（Differential Evolution Algorithm，DEA）进行求解。DEA 方法求解溯源优化模型包括种群初始化（Initialization）、变异（Mutation）、交叉（Recombination）以及选择（Selection）4 个环节。以求解式（5.15）～式（5.17）构成的第一个优化模型为例，方法将参数 x_0'，t_0' 定义为属性元素并生成基本进化个体，以 $F=abs(1-r)$ 为适应度目标函数，具体求解步骤如下：

（1）种群初始化。给定种群规模 NP，由式（5.20）生成第一代个体 X_i^{Gen}（x_0'，t_0'）（$i=1，2，\cdots，Np$，$Gen=1$ 分别为个体编号和进化代数）：

$$X_i^{Gen}=X_{\min}+\text{rand}(0,1)(X_{\max}-X_{\min}) \tag{5.20}$$

式中：rand(0，1) 代表［0，1］之间均匀随机数；$X_{\min}$、$X_{\max}$分别为 X_i^{Gen} 最小、最大取值，初始化后分别计算其适应度值 $F(X_i^{Gen})=\text{abs}[1-r(X_i^{Gen})]$。

（2）变异。在 Gen（$1<Gen<\max Gen$）代种群中均匀抽样选取 3 个体 X_{r1}^{Gen}、X_{r2}^{Gen}、X_{r3}^{Gen}，由式（5.21）生成变异个体 V_i^{Gen}：

$$V_i^{Gen}=X_{r1}^{Gen}+CF(X_{r3}^{Gen}-X_{r2}^{Gen}) \tag{5.21}$$

式中：CF 为缩放因子，通常 $CF\in[0.5, 1]$，$r1$，$r2$，$r3=1$，2，…，NP，且 $r1$、$r2$、$r3$ 都不为 i，若 $V_i^{Gen}\notin[X_{\min}, X_{\max}]$，则按式（5.20）重新生成变异个体 V_i^{Gen}。

（3）交叉。变异前后个体各属性元素发生交叉产生新个体 U_i^{Gen}，交叉规则为

$$U_i^{Gen}(x_j)=\begin{cases}V_i^{Gen}(x_j),\text{rand}(0,1)<CR\\X_i^{Gen}(x_j),\text{rand}(0,1)\geqslant CR\end{cases} \tag{5.22}$$

式中：CR 为交叉概率常数，通常 $CR\in[0.8, 1]$；$U_i^{Gen}(x_j)$ 表示个体 U_i^{Gen} 中 x_j 属性取值。

（4）选择。优势个体会替代原有个体进入下一代，按式（5.23）对优势个体进行选择：

$$X_i^{Gen+1}=\begin{cases}U_i^{Gen},F(U_i^{Gen})<F(X_i^{Gen})\\X_i^{Gen},F(U_i^{Gen})\geqslant F(X_i^{Gen})\end{cases} \tag{5.23}$$

按给出的步骤进行循环进化，迭代计算至适应能力达到要求（目标函数值满足限定条件，例如可由 $r\geqslant 0.95$ 控制）或进化到最大代数 maxGen 时结束，然后选出最后一代种群中适应度函数值最小的个体，个体元素代表的参数值即为所求 x_0、t_0，计算结束。

5.3.3 耦合概率密度方法改进

模型采用 DEA 算法进行求解，计算结果具有较大的随机性，一些优化过的结果可能重复出现，需考虑加入一定的优化规则，控制优化适应度函数值，使其单向变化。为此本文提出将梯度概念运用于微分进化过程中，用以给定优化方向，提高寻优效率。

首先给个体加入两个表征梯度的新属性：梯度特征因子 $gc(X)$ 和梯度方向因子 $gp(X)$。新定义种群个体为 $S_i^{Gen}=S_i^{Gen}[X_i^{Gen}, gc(X_i^{Gen}), gp(X_i^{Gen})]$，其中梯度特征因子 $gc(X_i)$ 和梯度方向因子 $gp(X_i)$ 由式（5.24）与式（5.25）确定。

$$gc(X_i^{Gen})=\begin{cases}1,F(X_i^{Gen})\leqslant F(X_i^{Gen-1})\\0,F(X_i^{Gen})>F(X_i^{Gen-1})\end{cases} \tag{5.24}$$

$$gp(X_i^{Gen})=\begin{cases}\{sgn[X_i^{Gen}(x_1)-X_i^{Gen-1}(x_1)],sgn[X_i^{Gen}(x_2)-X_i^{Gen-1}(x_2)]\}, & gc(X_i^{Gen})=1\\0, & gc(X_i^{Gen})=0\end{cases} \tag{5.25}$$

式中：sgn 为符号函数。

给定梯度属性后，在进行微分进化选择时就可以将有利于种群进化的趋势信息保留，例如假定个体 X_i^{Gen} 优于其前一代个体 X_i^{Gen-1}，并且有 $gp(X_i^{Gen})=[1, -1]$，则说明该个体暂态更优进化趋势是“增大位置参数 x_0，减小时间参数 t_0”，利用这一趋势信息可以指导下一代个体的进化。在实际运用改进 DEA 算法优化时，可以利用得到的梯度信息作为附加规则控制进化方向，引导每一代个体进化。

5.4 应用分析

本部分通过案例分析给出耦合概率密度方法在突发污染追踪溯源中的应用情况，并

将提出的新方法与常用溯源方法对比应用于南水北调中线突发污染示范工程中，从实践中进一步对突发污染追踪溯源技术进行说明。

5.4.1　案例分析

有一棱柱形梯形断面河道长 10km，底宽 67.5m，边坡 2.5，底坡约 0.00015，河道糙率系数为 0.027，河道纵向扩散系数约为 6.4m²/s。河道下游汇入水位近似恒定为 26m 的水库，入库断面底高程为 22.5m，河道恒定过流 200m³/s，如图 5.3 所示。现发现水库入口处断面某污染物浓度超标，并监测到浓度过程如图 5.4 所示。经过风险分析与排查，该次污染事件很可能为突发点源污染，试分析污染源发生位置情况。

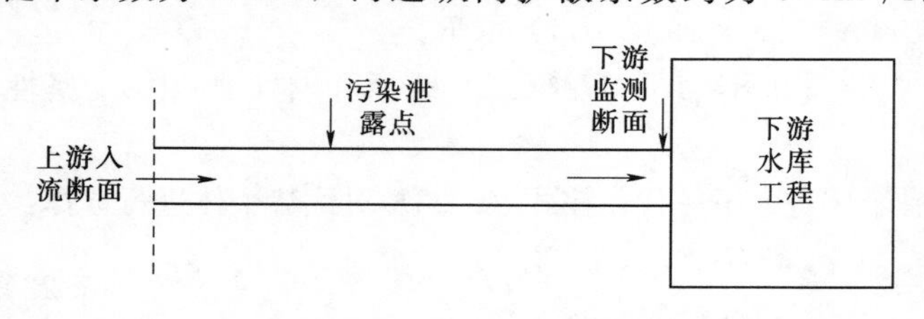

图 5.3　某河渠水系概化图

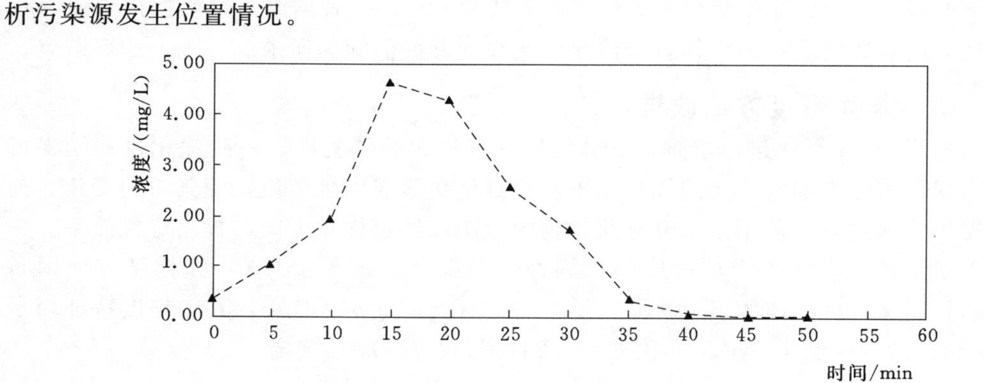

图 5.4　河渠下游末端入库断面实测浓度过程

分析案例可知，在突发水污染后测得了水库入库的浓度过程，据此可对河渠突发污染进行追踪溯源。

首先可计算污染发生前稳定流动 200m³/s 时河道正常水深为 3.02m，而河道下游末端断面水深为 3.5m，下游壅水。根据恒定流计算公式可推算沿程水面线，计算河道首端断面处水深约为 3.12m，比正常水深略大 0.1m，而沿程水深变化比例却很小，约为 3.8×10^{-5}。由于下游水深与正常水深相差不大，并且壅水曲线坡度很缓，可采用上下游流速平均作为河道全断面流速，约为 0.8m/s。

根据图 5.4，运用追踪溯源模型计算 50 次，其结果如图 5.5 所示。

由图 5.5 可看出，50 次溯源结果强度都较为集中分布在 1000kg 附近，位置集中在 2800～3000m，而时间主要集中在 30～35min，其余部分点散落范围：空间都在 2000m 范围内、时间都在 30min 范围内。总体来说，所计算的污染源 3 参数在空间上散布还是较集中的，由结果分布图可大致判定污染源位于距上游 2800～3000m 的河段，发生时间为起测前 2h，污染物强度约为 1000kg。

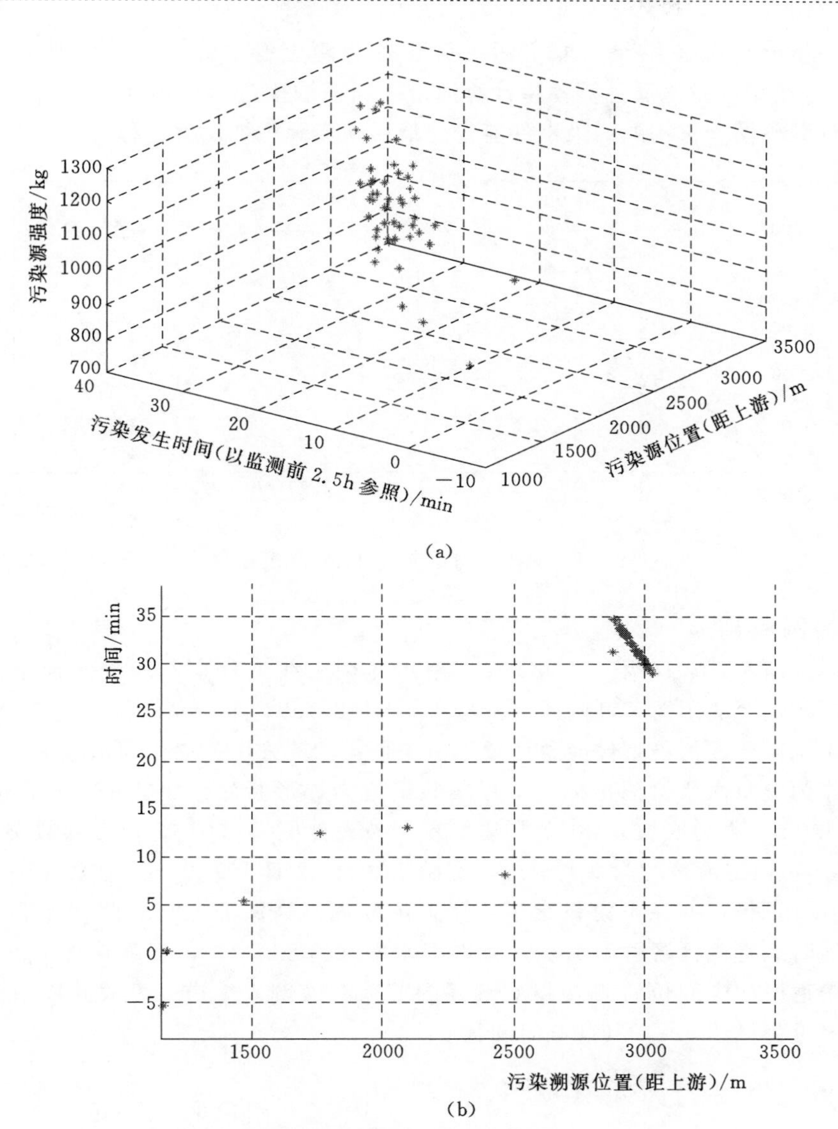

图 5.5 溯源 50 次结果分布

(a) 溯源 50 次结果空间散布图；(b) 溯源 50 次结果平面散布图

另外，图 5.5（b）还可看出，推测的污染源位置和时间之间也是高度相关的，污染源位置越向下游，推测的发生时间也越晚。事实上，根据方程式（4.52）和式(5.9)，在污染源位置确定时，一维条件下污染发生时间是唯一的，模型同时将位置和时间作为优化变量只是出于快速计算的需要。可验证优化计算结果与求解方程是等价的。

从上述结果可看出，一旦发生突发事件，可以根据溯源结果快速地定位出污染源。工作人员只需要小范围排查就可以准确定位污染源并依据估算的强度实施处置措施，因此溯源结果对于应急处置突发污染事件来说具有很实际的指导意义。

为进一步分析溯源结果，取定污染源位置为距上游 3000m，发生时间为起测前 2h10min，采用第 3 章水质计算模型计算河道末断面浓度过程如图 5.6 所示。从图中可看出，通过溯源模型重构的污染事件能较好地反映实际污染发生过程。

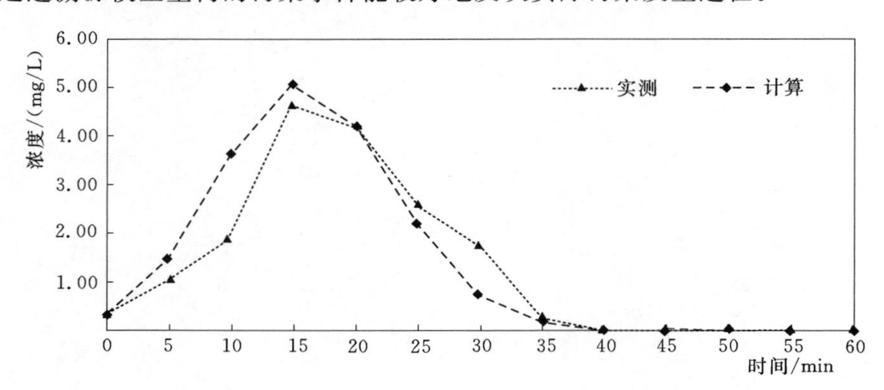

图 5.6　溯源后河道末断面计算浓度过程

5.4.2　实例应用

如图 5.7 所示，2014 年 3 月 22 日在南水北调中线工程京石段放水河节制闸（桩 100＋294.750）至蒲阳河节制闸段（桩号 113＋492.750，采取京石段起点为 0＋000 桩号）开展了水质突发污染事件应急处置示范工程。示范采用蔗糖作为示踪剂，采用蔗糖溶液浓度作为应急水质检测指标。工程实验渠道为梯形断面，底宽 18.5m，边坡 2.5，平均水深 4.0m，渠道底坡 0.00005，曼宁糙率按设计值为 0.015，离散系数实验估计值为 3.43m^2/s，恒定流量约为 8.0m^3/s。实验于 3 月 22 日上午 9：00 在放水河节制闸瞬时投放 800kg 蔗糖，并在下游设定了 4 个监测断面。为保证 800kg 蔗糖能瞬时投放成功，预先适时地将蔗糖溶解于 1.0m^3 加热清水中（约 80.0℃），实验开始时利用搭建好的浮桥于渠道横向中间位置直接将溶解好的蔗糖溶液倒入渠道。投放断面下游 1508m 处监测浓度过程见图 5.8，其起测时间为 9：30。

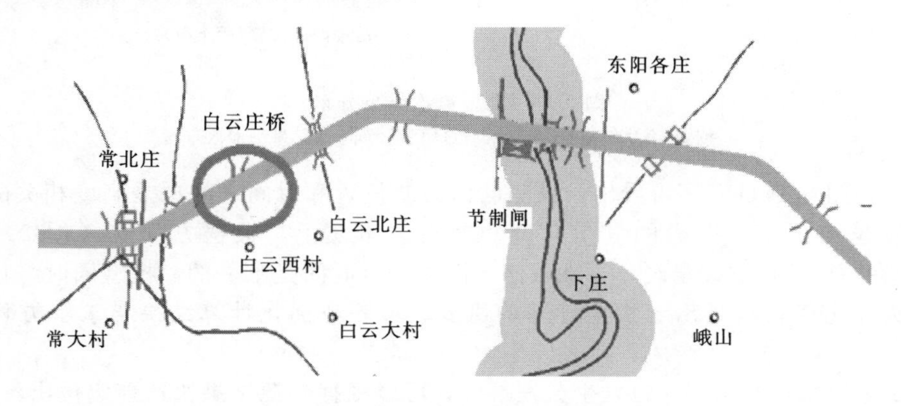

图 5.7　示范工程选用实验渠段示意图

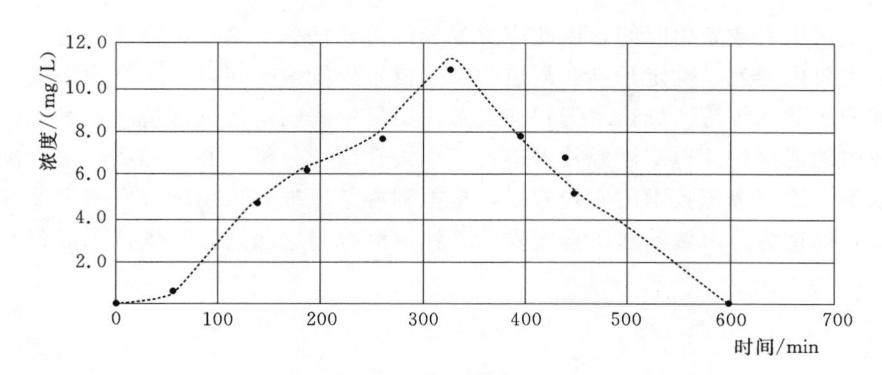

图 5.8　监测断面实测浓度过程

设定投放断面桩号为 0m，则监测断面桩号为 1508m。实验渠段宽度和水深相对于长度来说都很小，经验算，监测断面 1508m 处污染物质横向、垂向已基本混合均匀。突发污染应急处置期间时间较短，不考虑降解作用，污染物运移可以采用一维恒定流下的对流扩散方程式（4.50）进行描述。考虑到只有一个监测断面的浓度数据，因此只运用常规溯源方法中的概率统计方法以及提出的耦合概率密度方法所建立的溯源模型进行溯源计算，结果见表 5.1 和表 5.2。

表 5.1　　各方法溯源结果表

	M/kg	x_0/m	t_0/（时：分）
实际值	800.00	0.00	9：00
概率统计方法推算值	781.00	−570.00	9：14
耦合概率密度方法推算值	731.13	−28.42	8：48

表 5.2　　各方法溯源误差分析

	$\frac{\Delta M}{M}$/%	Δx/m	Δt/min
概率统计方法推算误差	−2.38	−570	14
耦合概率密度方法推算误差	−8.59	−28.42	差 12

从表 5.1 和表 5.2 中可以看出，采用耦合概率密度方法计算得到污染源位置误差不到 30m，时间误差约为 12min，污染物强度误差未超过 10%，而采用概率统计方法虽然强度和精度更高，但位置和时间却并没有计算更准确，尤其是计算的位置更是相差 500m 以上。而且，同样的问题，采用概率统计方法计算所花的时间要比概率密度方法长的多。总体来说，在调水发生突发水污染事故时，更推荐采用基于耦合概率密度方法的追踪溯源技术。

5.5　本章小结

由于突发水污染事件的不确定性，事件发生后很难在第一时间由经验确定出污染发

生位置以及污染大致发生时间，因此应急处置的首要任务是确定污染源。突发污染快速追踪溯源主要内容就是确定污染在河道中发生位置、发生时间以及污染源强度。本章节针对诸如南水北调等跨流域输水工程突发水污染需快速确定污染源情况，对包括常规追踪溯源在内的河渠快速追踪溯源技术进行了详细介绍与分析，并从实例应用分析中给出了突发水污染追踪溯源技术的实践效果，根据溯源结果推荐采用耦合概率密度方法用于溯源计算，以期为跨流域输水工程突发污染快速溯源与应急处置提供技术借鉴。

第6章 突发水污染闸门应急调控技术

对于不可预见的突发水污染事故，输水系统的安全性和稳定性是明渠输水工程在应急调控过程中所关注的关键问题之一。反映输水系统安全性和稳定性的主要响应特征参数是明渠输水系统从稳定输水状态过渡到事故应急状态的响应时间，以及在该响应过程中渠道内水位变化幅度和水位变化速度的大小。影响这些响应特征参数的因素主要包括流量大小、节制闸闭闸方式和闭闸时间、退水闸的启用情况。因此，有必要制定一套完整的闸门调控规则，实现在应急工况下渠道安全稳定运行。此外，为了使渠道运行过程按照调控规则来进行，应急工况的出现往往会导致渠道的运行工况发生很大的改变，这个时候采用常规自动控制系统就难以实现应急调整，因此需要改用应急情况下的闸门自动控制算法，满足从常规到应急到常规过程的快速平稳过渡。

6.1 闸门调控规则

6.1.1 总体调控策略

应急发生后，首先应该制定相关的应急调控策略。所有的闸门调控规则应该满足应急调控策略的要求。参考某大型调水工程的控制策略，根据调水经验，提出以下的控制策略：

（1）尽快消减过剩的流量和蓄量，控制事态发展。应急事件发生后，事故段切断或减小向下游输水流量，上游各渠池同时出现“流量过剩”和“蓄量过剩”，如不尽快消减，各渠池面临漫溢和弃水损失。因此，事故段上游各闸门均应在事故发生后第一事件减小甚至切断流量，不仅扭转“流量过剩”，还应消减“蓄量过剩”。

（2）尽量不影响上游分水口供水。由于应急事件发生后上游各渠池呈现“蓄量过剩”状况，具备继续向分水口供水的水量，因而应急事件发生后，调控措施尽量不干涉上游分水口的供水。

利用渠道自身调蓄能力，尽量不弃水和少弃水，降低经济损失。

（3）尽量维持正常输水时渠道的蓄量，减少切换至应急输水状态带来的渠池蓄量反复调节，降低运行管理成本。一般供水渠道采用的是闸前常水位方式，这种方式的响应与恢复特性会使得渠池流量切换前后蓄量反复调节，既增加了运行管理成本，蓄量调蓄

过程又耗费了大量时间。相比较而言，等体积运行没有上述弊端。因而，若渠道具有采用等体积运行方式的条件，可采用等体积运行。

（4）尽快调节渠道的流量和蓄量，减少应急过渡态时间。

6.1.2　闸门调控规则

按照污染发生的渠段和控制策略，可将整个渠段分为污染段、污染段上渠段、污染段下渠段。对应于不同的控制策略，采用不同的调控规则。

1. 退水闸控制规则

退水闸的使用主要目的：①削峰，降低节制闸最大水位壅高；②调节渠道水力波动过程中的节制闸前水位，使其接近目标水位。而使用退水闸也会造成水量的浪费，因此在一般情况下不开启退水闸，只有在水位威胁到工程安全的时候，才开启退水闸。这里，用警戒水位指标来判断是否使用退水闸。以南水北调中线工程为例，高于警戒水位开始启用退水闸。

事故渠段退水闸控制规则：当闸前水位高于警戒水位时启用退水闸，当事故渠段蓄水体积接近目标体积时，快速关闭退水闸。

事故渠段水面平稳后，再根据事故级别决定是否再次启用退水闸弃水，若事故渠段水体不能实现自净或自净时间过长影响下游用水，则需再次启用事故渠段退水闸，将污染水体排放到渠段附近临时水塘，或者废弃湖泊进行处理，待渠道水放空后再关闭退水闸，恢复供水。

事故渠段上游退水闸控制规则：当上游各节制闸前水位高于警戒水位时，启用退水闸；无退水闸渠段，闸前水位高于警戒水位时，该渠段节制闸门当前计算时步暂停关闭。目的：①削峰，降低节制闸最大水位壅高；②调节渠道水力波动过程中的节制闸前水位，使其接近目标水位。

事故渠段下游不启用退水闸，原因在于事故渠段下游属于渠道进水低于出水的工况，采用合理的节制闸操作过程基本不会出现闸前水位高于警戒水位的情况，而且，为了维持下游段尽可能的供水，不启用退水闸。

2. 分水闸控制规则

事故渠段分水闸控制规则：事故渠段分水闸随着事故渠段节制闸的快速关闭而快速关闭，以达到尽快减少污水扩散危害受水人群的作用，对于发现较晚污染扩散较快的情况，可以采取向下游延伸数个节制闸关闭闸门的方式。

事故渠段上游分水闸不参与应急调度，保持原有正常调度开度，保证事故渠段上游正常供水。

事故渠段下游分水闸控制规则：事故渠段下游各分水闸流量按照所在渠段下游节制闸流量减小比例进行控制。

3. 节制闸控制规则

节制闸控制主要分为同步关闸和异步关闸操作两种，这里的同步关闸指的是同时开始关闭闸门，异步关闸指的是有一定的时间间隔关闸。异步关闸的作用有两个：①利用

进、出口的流量差来完成蓄量转换；②利用水波抵消的原理来消除水位过大的波动。

异步关闸的异步时间选择：

$$\Delta t=\frac{L}{v+|c|}+K\frac{L}{v-|c|} \tag{6.1}$$

式中：K 为比例系数，这里选为 0.2。

这里以中线干渠的靠近上游渠段为例，用式（6.1）进行计算，可得出中线各渠段的异步时间大致见表 6.1。

表 6.1　　80%设计流量下的异步关闸间隔时间表

渠段	长度/km	流速/(m/s)	临界流速/(m/s)	间隔时间/min
陶岔—刁河	14.626	0.95	6.86	39.5
刁河—湍河	21.823	0.99	7.25	55.8
湍河—严陵河	12.292	0.90	7.28	31.4
严陵河—淇河	25.921	0.93	7.10	67.8
淇河—十二里	22.407	0.93	7.23	57.6
十二里—白河	19.444	1.20	6.71	52.8
白河—东赵河	20.673	0.94	7.23	53.2
东赵河—黄金河	22.817	0.84	7.06	60.3

可以看出若采用异步关闸，则要求间隔时间大致要求在 40min 以上。采用此种间隔时间，则可以让上游的降水波和下游的涨水波相互抵消，从而减小水位波动。具体效果如图 6.1 所示。图中虚线为异步关闸情况下的闸前水位变化，可以看出，闸前水位较同步关闸晚大概 4 步开始变化，这是因为设置的上下游间隔时间为 2400s。在异步关闭操作下，闸前水位最高升高 0.5m，远低于同步操作情况下的 0.9m，可见异步关闸效果要明显好于同步关闸。

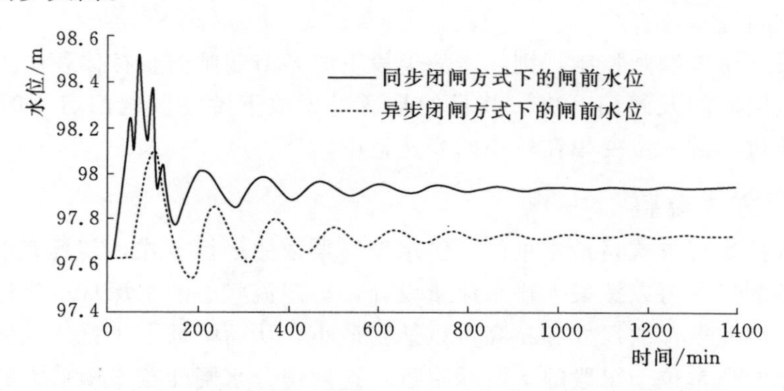

图 6.1　南水北调工程某渠段采用不同闭闸方式下闸前水位变化图

但对于应急工况的污染渠段，若要控制污染物的传播，则要求闸门尽可能快速关闭。尽管异步关闸的效果更好，但是要求上下游的间隔时间为 40min 左右。而在应急情况由于允许开启退水闸，因此可采用开启退水闸来降低水位。所以，应急情况更倾向

于采用同步闭闸的方式。

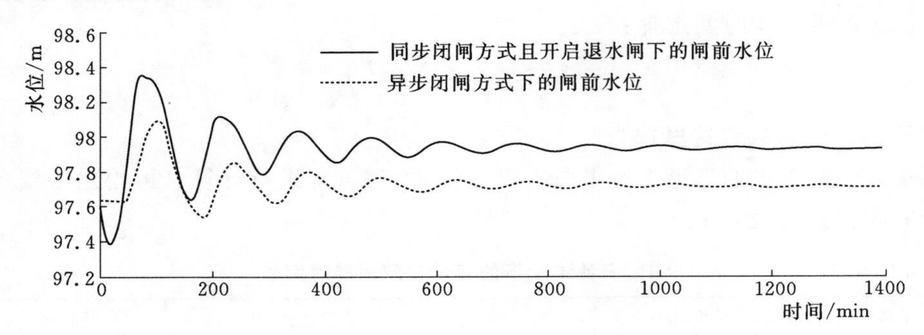

图 6.2 南水北调工程某渠段采用不同闭闸方式下闸前水位变化图

由图 6.2 可以看出，在开启退水闸的情况下，同步闭闸也能控制水位波动在较小的范围内。由于事故渠段以及事故渠段上游允许开启退水闸，因此，对于事故渠段以及事故渠段上游，应当采用同步闭闸方式，若水位波动过高可以开启退水闸。而对于事故渠段下游，由于不允许开启退水闸，且为了满足向下游多供水的目标，应该采取异步闭闸方式，延长下游供水时间并减小水位涨幅。

事故渠段节制闸控制规则：事故渠段的上节制闸及下节制闸快速关闭至 0 开度。事故渠段上节制闸快速关闭是为了快速减少流入事故渠段的水体；事故渠段下节制闸快速关闭目的是防止水污染向下游渠道进一步扩散，以便及时采取措施净化被污染水体，若污染源扩散，则自动将事故渠段上下节制闸向上下游延伸。

事故渠段上游节制闸控制规则：按照同步控制的思路，上游各节制闸也迅速关闭至指定的开度，在这个过程中水位波动较大。若之后不采取任何操作则稳定后水位为等体积控制对应的水位，且整个系统从波动到稳定的过程较长。之后为满足水位达到目标水位，需再按照体积法的思路，计算得出各个阶段闸门的调整开度，直到流量达到目标流量，水位达到目标水位。

事故渠段下游节制闸控制规则：事故渠段下游各节制闸流量按体积法进行控制，并计算各闸的启闭时间及闸门开度。其目的是通过事故下游渠段闸门启闭时间及速率控制，维持过渡过程的水位变幅在较小的变化范围。

6.1.3 运行方式调整

闸前常水位运行方式是最常见的“供水型”渠道的运行方式，其具有以下的优点：

(1) 渠道的尺寸可以按最大输水流量设计，稳定流状态的水深从不超过设计流量下的正常水深，因此渠道的尺寸和超高可以达到最小，从而降低了工程建设费用。

(2) 分水闸通常位于渠段的下游端附近，这使得分水闸能按渠中最大的且稳定的水深设计，也避免了因水位太低或水面波动给用户带来的配水问题。

但同时在闸前常水位运行方式下，由于渠道的蓄水量和需水量变化趋势刚好相反，这种运行方式也会带来以下的缺点：渠道的响应速度较慢，恢复特性相对较差，易造成水量损失或用户供水不足。而且在应急工况下，需水量的改变是很迅速的，且改变量很

大（从正常输水到停止供水）。

综上，目前设定闸前常水位为应急调控采用的运行方式。该运行方式具有输水能力大的特点，同时存在响应与恢复特性差的缺陷。现有的闸前常水位运行方式具体的应急调控能力如何，能否进一步改善提高，亟须开展研究。

等体积控制具有“保水量”的特点。等容积运行方式时，渠段内蓄水量在任何时刻均保持不变。当流量从一种稳定状态转变到另一种稳定状态时，水面以位于渠段中点附近的支枢点为轴转动。等容积法运行方式有时也称为“同步运行法”，因为该运行方式常通过同步控制上、下游闸门来保持蓄水量的稳定。渠段楔形蓄水量的变化出现于渠段中间支枢点的两侧，如图 6.3 所示。对于一个给定的流量变化，支枢点两侧的楔形状蓄水量变化相等，方向相反。当流量减少时，上游楔形状蓄水量减少，下游楔形状蓄水量增加；当流量增加时，则出现相反的情况。

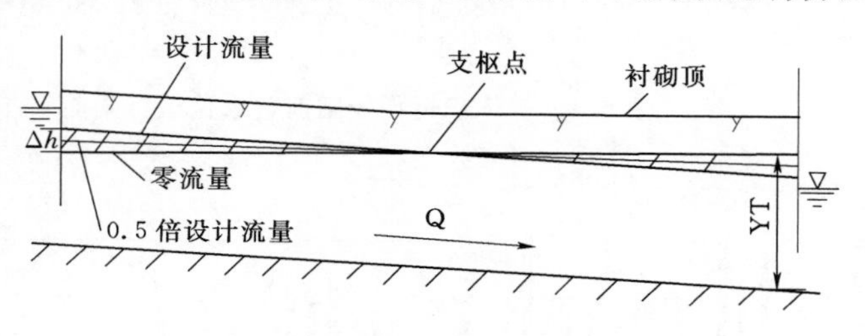

图 6.3 等容积运行方式

等体积运行的优点：工况转换过程中，渠池的蓄量不变，因此，等体积运行能迅速改变整个渠系的水流状态。这尤其适合于应急工况使用。

等体积运行的可行性分析如下：

分析等体积运行的可行性，应识别并测试其最不利工况。

若工程正常输水期采用闸前常水位方式，应急期切换至等体积运行方式，为保证切换过程中快速平顺，切换前后不应从相邻渠段补充或排出水量，因而等体积运行时的渠道蓄水量应与闸前常水位运行的相等。

闸前常水位方式下渠道所蓄存的水体积随流量变动，流量越大，蓄量越多，对应渠道运行安全裕度越小。类似地，该工况下切换为等体积运行时对应的安全裕度最小。因此，测试等体积运行时，其蓄量应采用闸前常水位设计流量下的蓄水量。

相等蓄量下，等体积运行的水面线并不唯一，而是随流量变化转动，其中最不利情形为 0 流量下对应的水平水面线，这是因为此时在渠段下游端部位，即下游节制闸闸前处水面线最接近堤顶。因而，等体积运行方式的测试流量应为 0 流量。

综合以上分析，应急等体积运行最不利工况为流量为 0，蓄量于闸前常水位设计流量下的蓄量的工况。

等体积运行最不利工况下中线各渠池水位抬升最大值发生在闸前，根据设计流量下闸前水深 H_d 和各渠池闸前常水位运行设计流量，使用明渠恒定均匀流程序计算水面线，并分段积分，得到各渠池的蓄量 V_0。其次，以渠池蓄量 V_0 为目标，0 流量为已知条件，设定不同的闸前水深，采用二分法试算，直至确定对应的 H_{d1}，即为等体积运行最不利工况下中线各渠池闸前水深。以某输水工程为例，计算其等体积运行最不利工况下水位抬升值与工程安全富余值，见图 6.4 和图 6.5。从图中可知，该输水工程上游渠

段有足够的富余值实施等体积运行，下游较多的渠池没有足够的富余值。

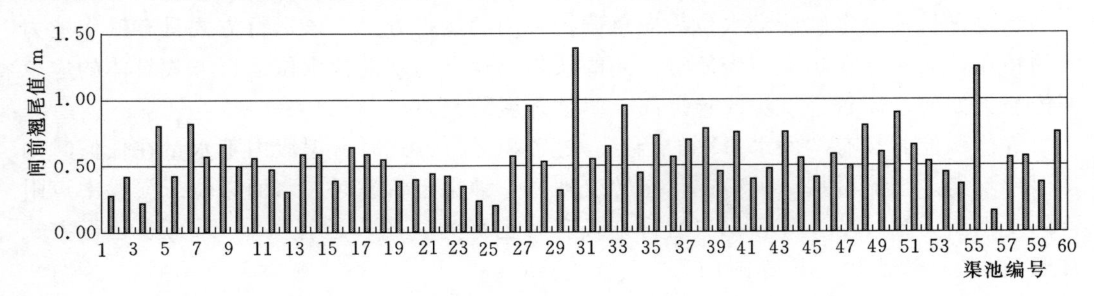

图 6.4　等体积运行较闸前常水位运行闸前水深抬升值（最不利工况）

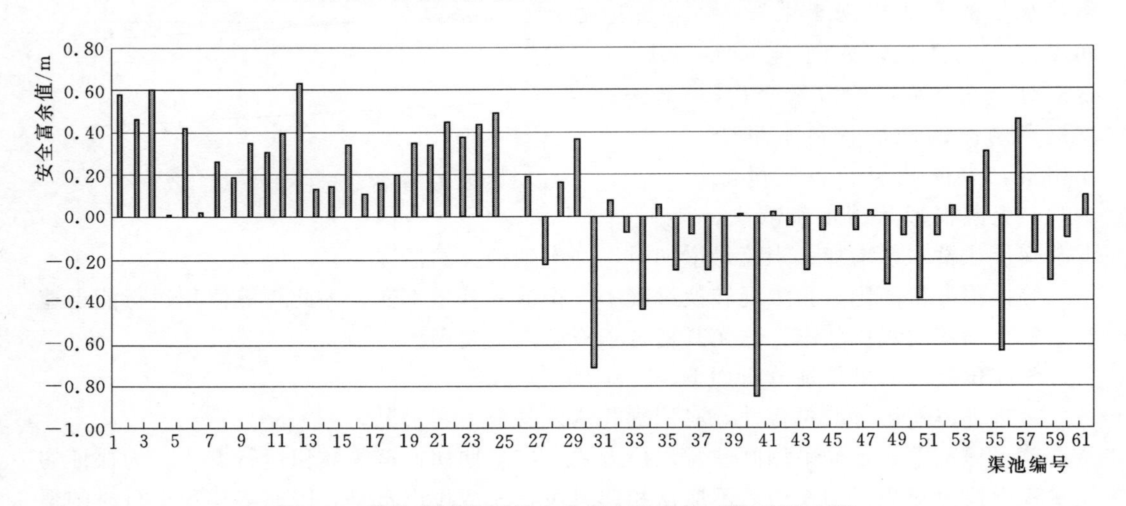

图 6.5　等体积运行闸前水位安全富余值（最不利工况）

综上所述，对于应急情况，在条件许可的时候可考虑不使用正常运行时的闸前常水位运行方式，而采取等体积运行方式。

6.2　闸门自动控制算法

应急控制模块总体上可分为前馈控制模块和反馈控制模块，如图 6.6 所示。

前馈控制模块基于渠道发生事故前后渠道输水流量、蓄量的情况，结合分水口分水计划，确定从渠首至事故段上游闸门的调控方案，目的是使正常运行与应急运行两个状态间安全平顺过渡，尽量减少退水闸弃水，降低运行成本。前馈控制模块的决策依据主要是渠道总体水量平衡关系，并不详细计算闸门机械死区、渠道水力学模型、传感器计量误差等因素，其发挥的作用是“粗调”。

反馈控制模块的作用是消除整个过渡过程中各类扰动因素引起的水位控制偏差，其根据水位传感器实时测量闸前水位偏差，并将其转换为蓄量偏差，通过改变渠道的入流流量，实现对节制闸前馈控制流量的修正，从而维持目标水位在设定的合理范围内。

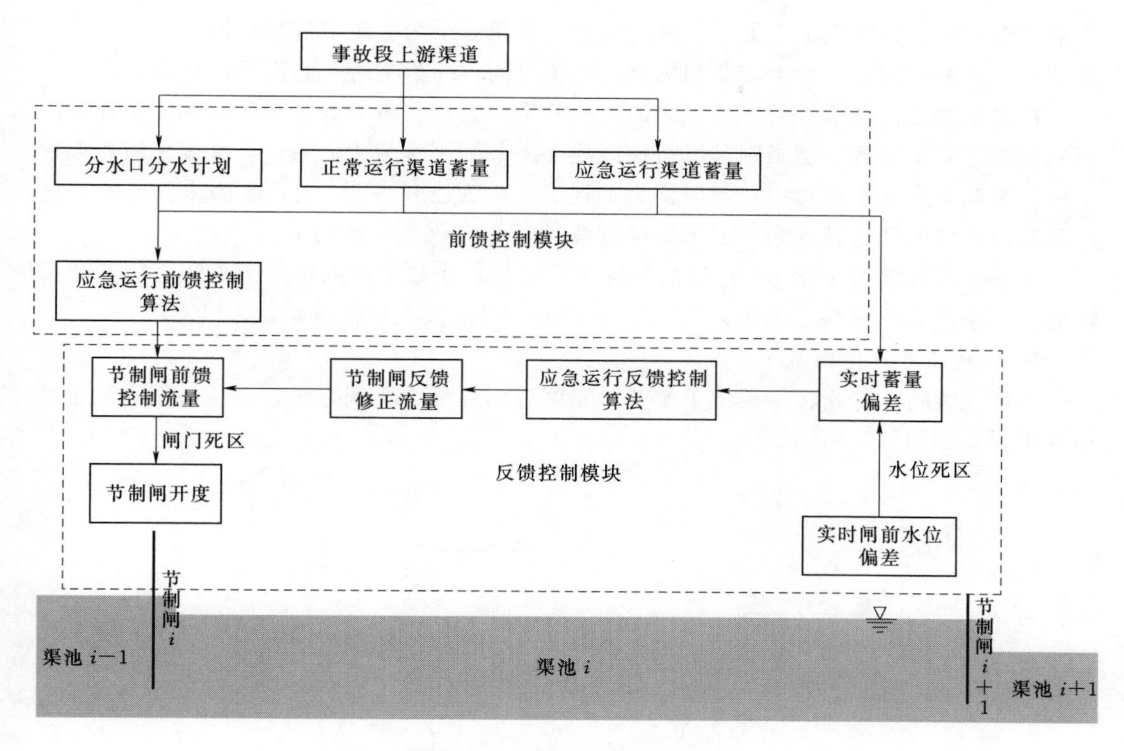

图 6.6　自动控制算法模块构成

6.2.1 前馈控制

对于应急工况，事故渠段的控制策略是将闸门快速关闭，因此这一阶段前馈操作只需要自动控制系统执行关闸操作即可。对于事故段下游，因为事故段最上游的闸门（即事故段下闸门）是最先关闭的，而且下游段的分水口分水量都是可以认为可以控制或者知道的，因此，这一过程的前馈算法可以采用蓄量补偿算法。而对于事故段上游，为了减小下游供水量，也应该采用同步关闸，直到达到目标流量，因此对于事故段上游，关闸时间和闸门开度都是给定的，前馈过程也只需要执行操作即可。

蓄量补偿算法思路：

在应急调控过程中，认为污染渠池下游各渠池上下游节制闸对应过闸流量均按线性规律减小，由工程正常运行情况下对应过闸流量减小至 0，则污染渠池下游任一渠池上下游流量变化过程如图 6.7 所示。

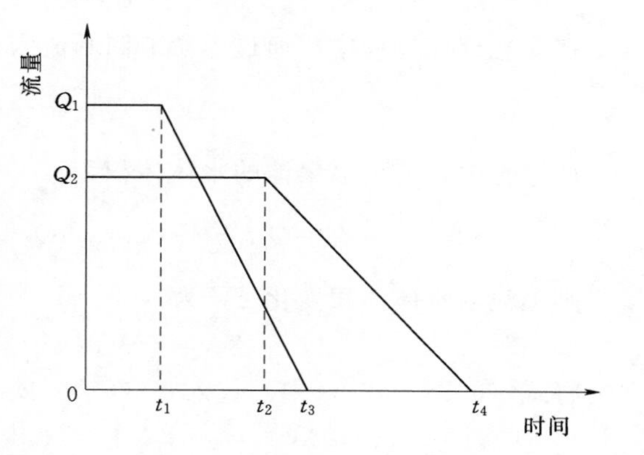

图 6.7　污染渠池下游任一渠池上下游流量变化过程

图 6.7 中：Q_1 为当前渠池正常运行情况下上游节制闸对应过闸流量；Q_2 为

当前渠池正常运行情况下下游节制闸对应过闸流量；t_1 为上游节制闸启调时间；t_2 为下游节制闸启调时间；t_3 为上游节制闸调控结束时间；t_4 为下游节制闸调控结束时间。

在发生突发污染事件后，污染渠池首先确定应急调控策略并开展应急调控工作。而污染渠池下游渠池各节制闸则是以污染渠池下游节制闸作为边界条件，并开展应急调控工作。因此，在这个过程中，可以认为上述 t_1、t_3 为已知参数，t_2、t_4 为未知参数，则应急调控策略的确定转变为下游节制闸启调时间 t_2 与调控结束时间 t_4 的确定。

在渠池水体蓄量变化 ΔV 已知的情况下，可根据水量平衡列出一个方程，因此仍需增加一个条件，方可联立求得 t_2 与 t_4。本文中，提出以下 3 种策略，以供参考。

1. 过闸流量等比例减小

该调控策略，是指污染渠池下游各节制闸过闸流量等比例减小，单位时间内流量减小量相同，如图 6.8 所示。

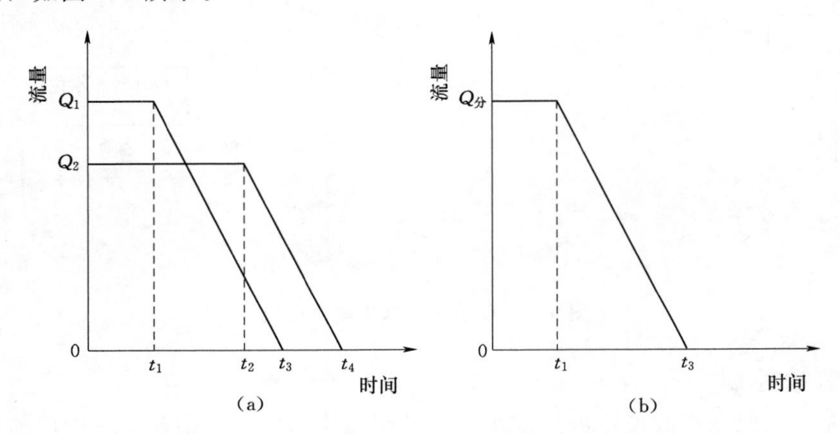

图 6.8　过闸流量等比例减小调控策略示意图
(a) 渠池上下游流量变化过程；(b) 该渠池分水口流量变化过程

该策略下，有

$$\frac{Q_2}{t_4-t_2}=\frac{Q_1}{t_3-t_1} \tag{6.2}$$

在应急调控过程中，通过上游节制闸流入该渠池的水体体积为

$$\Delta V_u=Q_1 t_1+\frac{1}{2}(t_3-t_1)Q_1 \tag{6.3}$$

此过程中，流出该渠池的水体体积为

$$\Delta V_d=Q_2 t_2+\frac{1}{2}(t_4-t_2)Q_2+Q_{分}\ t_1+\frac{1}{2}(t_3-t_1)Q_{分} \tag{6.4}$$

则渠池内水体体积变化 ΔV 为

$$\Delta V=\Delta V_d-\Delta V_u \tag{6.5}$$

将式 (6.3)、式 (6.4) 代入式 (6.5) 式有

$$2\Delta V=(t_2+t_4)Q_2+(t_1+t_3)Q_{分}-(t_1+t_3)Q_1 \tag{6.6}$$

由水量平衡可知

$$Q_1=Q_2+Q_{分} \tag{6.7}$$

将式（6.7）代入式（6.6），有

$$\frac{2\Delta V}{Q_2}=t_2+t_4-t_1-t_3 \tag{6.8}$$

联立式（6.2）与式（6.8），即可解得

$$t_2=\frac{\Delta V}{Q_2}+\frac{t_1+t_3}{2}-\frac{Q_2}{2Q_1}(t_3-t_1) \tag{6.9}$$

$$t_4=\frac{Q_2}{2Q_1}(t_3-t_1)+\frac{\Delta V}{Q_2}+\frac{t_1+t_3}{2} \tag{6.10}$$

由于 $Q_1 \geqslant Q_2$，则由式（6.9）可以推得

$$t_2 \geqslant \frac{\Delta V}{Q_2}+t_1 \tag{6.11}$$

即下游闸门启调时间晚于上游闸门启调时间。

2. 各闸门同时启调

该调控策略，是指突发污染事件发生后，污染渠池下游各渠池节制闸与污染渠池下游节制闸同时启调，但结束调控时间不同，如图 6.9 所示。

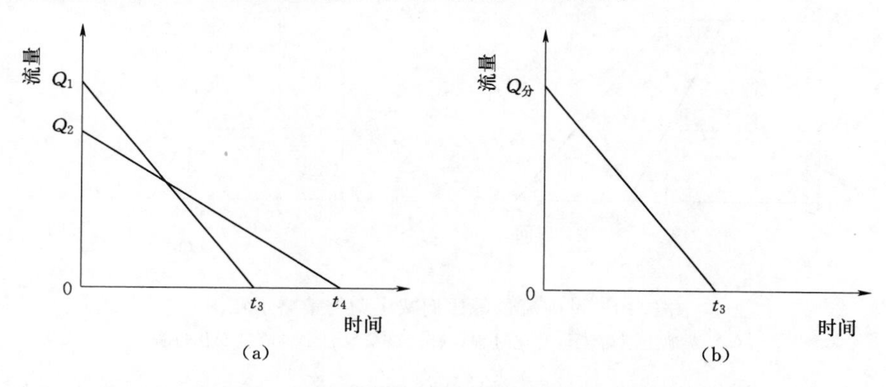

图 6.9 过闸流量等比例减小调控策略示意图

(a) 渠池上下游流量变化过程；(b) 该渠池分水口流量变化过程

该策略下，各闸门启调时间 t_2 相同，均为污染渠池下游节制闸启调时间。则该情况下仅存 t_4 一个未知量。

在应急调控过程中，通过上游节制闸流入渠池的水体体积为

$$\Delta V_u=\frac{1}{2}t_3Q_1 \tag{6.12}$$

此过程中，流出该渠池的水体体积为

$$\Delta V_d=\frac{1}{2}t_4Q_2+\frac{1}{2}t_3Q_{分} \tag{6.13}$$

则渠池内水体体积变化 ΔV 为

$$\Delta V=\Delta V_d-\Delta V_u \tag{6.14}$$

将式（6.12）、式（6.13）代入式（6.14）有

$$2\Delta V = t_4 Q_2 + t_3 Q_{分} - t_3 Q_1 \tag{6.15}$$

由水量平衡可知

$$Q_1 = Q_2 + Q_{分} \tag{6.16}$$

将式（6.16）代入式（6.15）有

$$t_4 = \frac{2\Delta V}{Q_2} + t_3 \tag{6.17}$$

由上式也可看出，下游节制闸结束调控时间总晚于上游节制闸结束调控时间。

3. 按渠池内水体蓄量变化控制

该调控策略，是指突发污染事件发生后，通过当前渠池内水体蓄量的变化，来控制该渠池下游节制闸启调时间。本文中，假定当渠池内水体蓄量减小$\frac{\Delta V}{n}$（n 为整数）时，下游节制闸启调。该策略调控过程如图 6.10 所示。

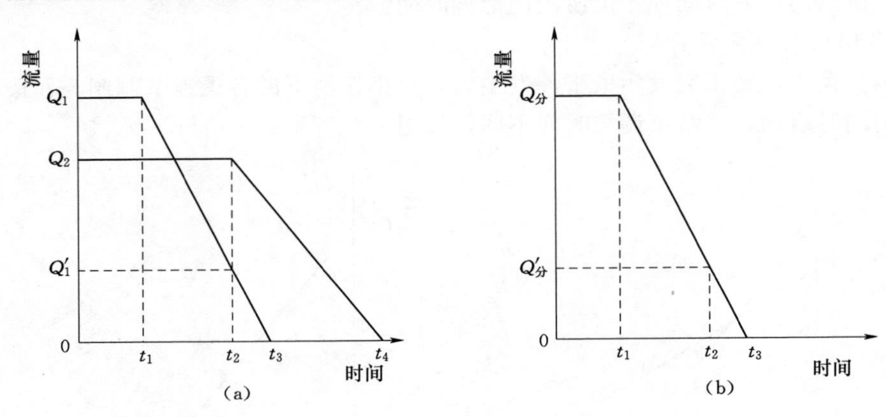

图 6.10　过闸流量等比例减小调控策略示意图

(a) 渠池上下游流量变化过程；(b) 该渠池分水口流量变化过程

图 6.10 中，t_2 时刻对应渠池上游节制闸过闸流量为 Q_1'，分水口分水流量为 $Q_{分}'$，则有

$$\frac{Q_1'}{t_3 - t_2} = \frac{Q_1}{t_3 - t_1} \tag{6.18}$$

$$\frac{Q_{分}'}{t_3 - t_2} = \frac{Q_{分}}{t_3 - t_1} \tag{6.19}$$

到 t_2 时刻时，流入渠池内水体体积为

$$\Delta V_u = Q_1 t_1 + \frac{Q_1' + Q_1}{2}(t_2 - t_1) \tag{6.20}$$

流出渠池的水体体积为

$$\Delta V_d = Q_2 t_2 + Q_{分}\ t_1 + \frac{Q_{分}' + Q_{分}}{2}(t_2 - t_1) \tag{6.21}$$

由前述可知，到 t_2 时刻，渠池内水体蓄量变化为

$$\frac{\Delta V}{n}=\Delta V_d-\Delta V_u \tag{6.22}$$

由水量平衡可知

$$Q_1=Q_2+Q_{分} \tag{6.23}$$

将式(6.18)、式(6.19)、式(6.20)、式(6.21)、式(6.23)代入式(6.22),有

$$\frac{2\Delta V}{nQ_2}=\frac{(t_2-t_1)^2}{t_3-t_1} \tag{6.24}$$

解得

$$t_2=t_1+\sqrt{\frac{2\Delta V}{nQ_2}(t_3-t_1)} \tag{6.25}$$

t_2 时刻后,流入渠池内的水体体积为

$$\Delta V'_u=\frac{Q'_1}{2}(t_3-t_2) \tag{6.26}$$

流出渠池的水体体积为

$$\Delta V'_d=\frac{Q_2}{2}(t_4-t_2)+\frac{Q'_{分}}{2}(t_3-t_2) \tag{6.27}$$

由前述可知,t_2 时刻后至应急调控完成,渠池内水体蓄量变化为

$$\frac{(n-1)\Delta V}{n}=\Delta V'_d-\Delta V'_u \tag{6.28}$$

将式(6.18)、式(6.19)、式(6.23)、式(6.26)、式(6.27)代入式(6.28),有

$$t_4=\frac{2(n-1)\Delta V}{nQ_2}+\frac{(t_3-t_2)^2}{t_3-t_1}+t_2 \tag{6.29}$$

由式(6.25)可知,下游节制闸启调时间 t_2 必然晚于上游节制闸启调时间 t_1。而上述推导过程均是在 $t_2\leqslant t_3$ 的情况下推导得出的,则结合式(6.25)可推出

$$t_3-t_1-\sqrt{\frac{2\Delta V}{nQ_2}(t_3-t_1)}\geqslant 0 \tag{6.30}$$

可求得

$$\frac{\Delta V}{nQ_2}\leqslant\frac{t_3-t_1}{2} \tag{6.31}$$

而在 $t_2\geqslant t_3$ 时,该调控策略如图 6.11 所示。

则到 t_2 时刻,流入渠池的水体体积为

$$\Delta V_u=\frac{Q_1}{2}(t_1+t_3) \tag{6.32}$$

流出渠池的水体体积为

$$\Delta V_d=Q_2t_2+Q_{分}\frac{t_1+t_3}{2} \tag{6.33}$$

则到 t_2 时刻,渠池内水体蓄量变化为

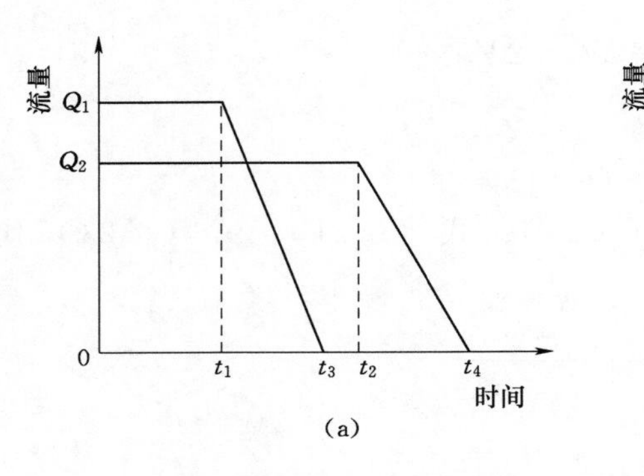

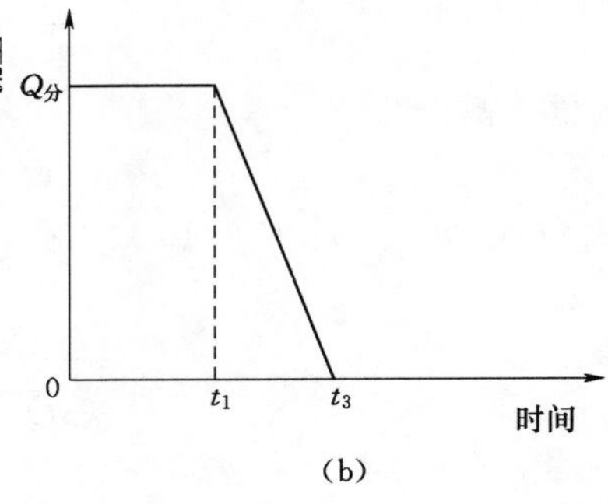

图6.11　过闸流量等比例减小调控策略示意图

(a) 渠池上下游流量变化过程；(b) 该渠池分水口流量变化过程

$$\frac{\Delta V}{n}=\Delta V_d-\Delta V_u \tag{6.34}$$

由水量平衡可知

$$Q_1=Q_2+Q_分 \tag{6.35}$$

将式(6.32)、式(6.33)、式(6.35)代入式(6.34)，有

$$t_2=\frac{\Delta V}{nQ_2}+\frac{t_1+t_3}{2} \tag{6.36}$$

t_2 时刻后，没有水体流入渠道，则流出渠道的水体体积为

$$\Delta V'_d=Q_2\ \frac{t_4-t_2}{2} \tag{6.37}$$

则有

$$\frac{(n-1)\Delta V}{n}=\Delta V'_d \tag{6.38}$$

将式(6.36)、式(6.37)代入式(6.38)，有

$$t_4=\frac{(2n-1)\Delta V}{nQ_2}+\frac{t_1+t_3}{2} \tag{6.39}$$

由于该策略下，下游节制闸的启调时间 t_2 晚于上游节制闸调控结束时间 t_3，即 $t_2 \geqslant t_3$，则结合式(6.36)，有

$$\frac{\Delta V}{nQ_2}+\frac{t_1+t_3}{2}-t_3\geqslant 0 \tag{6.40}$$

可解得

$$\frac{\Delta V}{nQ_2}\geqslant\frac{t_3-t_1}{2} \tag{6.41}$$

由式(6.40)和式(6.41)可以看出，在该调控策略下，需通过比较 $\frac{\Delta V}{nQ_2}$ 与 $\frac{t_3-t_1}{2}$ 的大小关系，从而确定以蓄量作为控制条件的调控策略的具体形式。

6.2.2　反馈控制

反馈控制又称闭环控制，它通过测量被控对象的状态与目标状态的偏差，调整被控

对象的输入量，并使得被控对象的状态满足实际需求。反馈控制算法设计时需要深入分析被控对象的动力响应特性，在此基础上设计控制算法、率定控制参数，以尽可能提高控制器的控制性能，如在可能的情况下缩短被控对象的响应过程、减小被控变量的波动幅度、提高被控对象的稳定性等。

在渠道控制领域，应用最多的是PID类反馈控制算法，该类算法具有结构简单、稳定性好、工作可靠、调整方便等优点。PID类控制算法的动态响应特性与控制算法的控制参数密切相关。由于渠道的糙率、断面尺寸、闸门过流系数等参数均存在不确定性，且随着泥沙淤积、水草生长等原因，这些参数会随着时间而不断变化。因此，控制器的参数整定对于输水系统的控制性能和运行安全十分关键。控制器参数整定工作量较大，目前常用的方法有理论分析法、经验试算法和在线整定法3类。

为了减小控制器的整定工作量，本研究提出了一种基于蓄量动态修正思想的反馈控制算法，该算法的核心是实时动态修正各渠池的蓄量，使渠池的蓄量与目标水位时的蓄量保持一致，原理见图6.12。蓄量动态反馈修正的具体实施过程为：

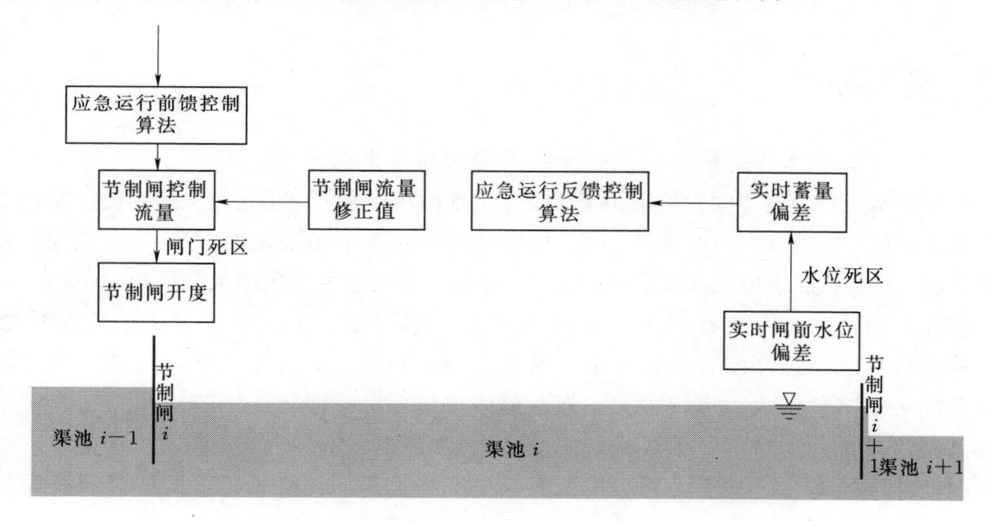

图6.12　事故段上游应急反馈控制示意图

(1) 实时监测闸前目标水位 $Z_{up}(i, t)$，如水位相对于目标值的偏离大于水位死区，则触发修正渠池蓄量的反馈控制算法。

(2) 计算实时蓄量偏差 ΔV，计算方法是根据当前闸前水位值和闸前水位目标值，分别计算恒定流水面线，并积分确定当前渠池蓄量与目标蓄量，相减得实时蓄量偏差 ΔV。

(3) 计算蓄量修正过程参数，包括蓄量修正历时 $\Delta\tau$ 和对应的修正流量 $\Delta Q_{蓄}$，见式(6.42)。$\Delta Q_{蓄}$ 的确定需考虑多个约束条件，包括对应的过闸流量需大于0，且小于渠道设计流量条件等。

$$\Delta Q_{蓄}(i,t)=\Delta V(i)/\Delta\tau(i) \tag{6.42}$$

式中：$i=1\sim N$，N 为渠池数目；$\Delta Q_{蓄}$ 为蓄量补偿流量；ΔV 为蓄量补偿过程的蓄量变

化量；$\Delta\tau(i)$ 表示第 i 渠池蓄量补偿过程所用时间。

(4) 节制闸执行蓄量修正动作。按照修正后的节制闸控制流量 $Q_{gate}(i,t)$ [式 (6.43)]，使用节制闸过流公式反算闸门开度 $Gate(i,t)$ [式 (6.44)]，式中 $Z_{up}(i,t)$、$Z_{down}(i,t)$ 分别为闸前水位和闸后水位，并与闸门运动死区 DB 比较，确定是否输出闸门动作 [式 (6.45) 和式 (6.46)]。

$$Q_{gate}(i,t)=\Delta Q_{蓄}(i,t)+Q_0(i,t) \tag{6.43}$$

$$Gate(i,t)=f^{-1}[Q_{gate}(i,t),Z_{up}(i,t),Z_{down}(i,t)] \tag{6.44}$$

$$DG(i,t)=Gate(i,t)-Gate(i,t-1) \tag{6.45}$$

$$Gate(i,t)=\begin{cases}Gate(i,t)+DG(i,t) & ,DG(i,t)\geqslant DB\\ 0 & ,DG(i,t)<DB\end{cases} \tag{6.46}$$

(5) 本次蓄量修正完成后，重新进入第 (1) 步，实现动态滚动修正。

需要说明的是，为了加快蓄量反馈调节的过渡过程，各节制闸的蓄量修正动作（指 $\Delta Q_{蓄}$）均要向上游各闸门传递，使得上游各闸门同步动作，共同完成蓄量反馈调节。

6.3　应用分析

以某大型输水工程为例，此工程全线采用闸前常水位运行方式。

假设输水工程靠近中间段的某一渠段发生了水质污染事件，采用本文提出的控制规则及控制算法，对污染渠段、污染渠段上游、污染渠段下游进行闸门控制，使得应急调控过程快速地实现，且应急后水位能够满足目标水位。事故发生时事故段的输水流量为 $126m^3/s$。

首先，对应急工况进行模拟，在闸前常水位运行方式下，通过本文的应急控制算法，检验最后水位控制能否满足要求。其次，经过计算，应急发生后，污染段和污染段下游只能采用闸前常水位运行方式，而污染段上游部分渠段可采用等体积控制方式，因此，可对污染渠段上游部分渠段进行闸前常水位和等体积控制方法结果的对比。

闸前常水位运行方式下，污染渠段、污染渠段上游、污染渠段下游的控制过程如图 6.13～图 6.21 所示。

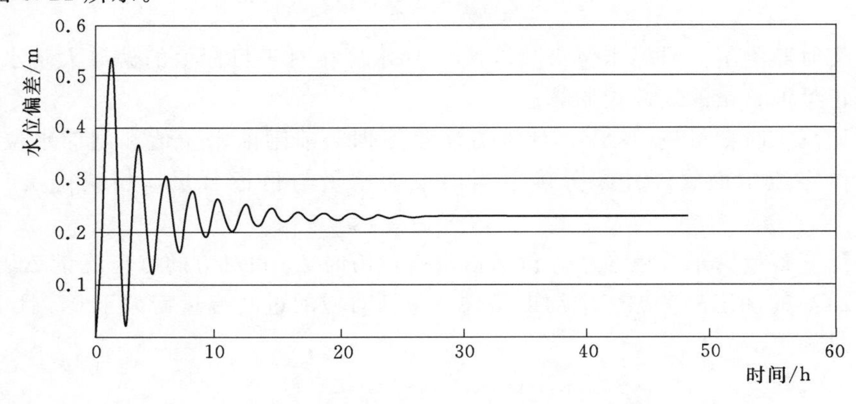

图 6.13　污染段闸前水位偏差变化过程图

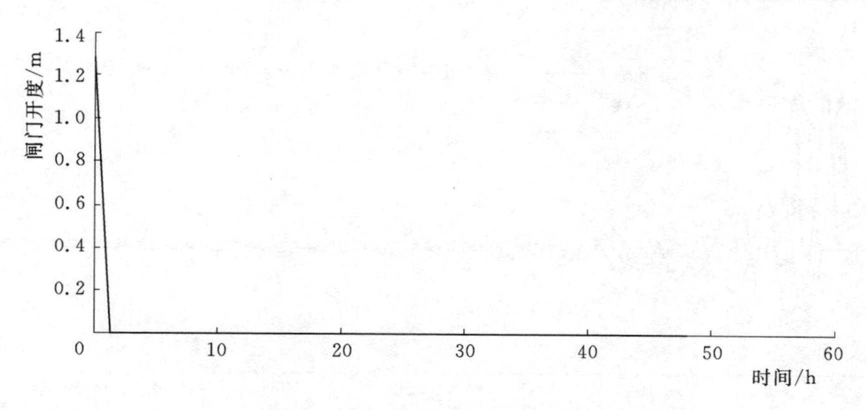

图 6.14 污染段闸门开度变化过程图

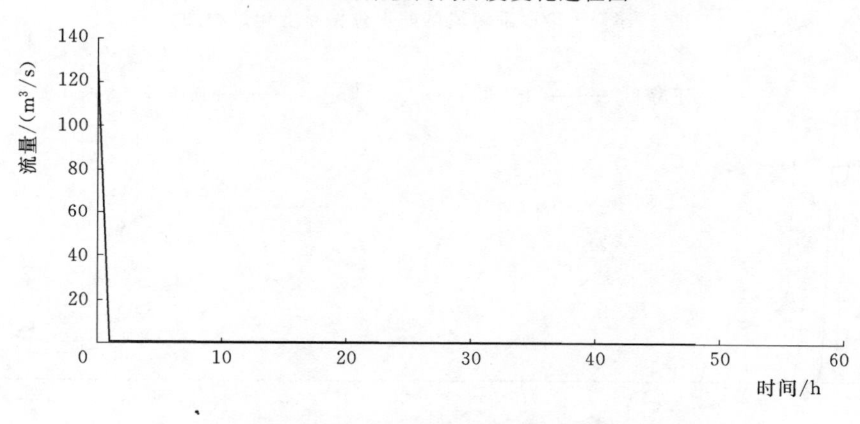

图 6.15 污染段过闸流量变化过程图

1. 污染渠段

由图 6.13 可以看出，污染段的水位在稳定后并不能满足闸前常水位，这是因为污染段的闸门在应急过程中是直接按照前馈指令关死的，没有考虑闸前水位，因此，应急后闸前水位是不确定的。由图 6.14 和图 6.15 可以看出闸门从当前开度一直关死的过程。

2. 污染渠段下游段

对污染渠段下游，这里选取了临界污染渠段的下游 5 个节制闸，节制闸闸前水位、闸门开度、过闸流量过程如图 6.16 所示。

由图 6.16 可以看出，污染段的水位在稳定后满足闸前常水位，这是因为污染渠段下游段的分水流量变化过程是人为确定的，且污染渠段下游段最上游的闸门（即污染段下闸门）是最先关闭的，可根据蓄量补偿算法的原理来计算前馈分析。且从图 6.16 可以看出闸前水位波动较小，最大不超过 0.4m，这是由于对下游段采用异步关闸操作，这一点可以从图 6.16 中的闸门开度开始变化时间反映出来。

3. 污染渠段上游段

对污染渠段下游，这里选取了临界污染渠段的上游 5 个节制闸，节制闸闸前水位、闸门开度、过闸流量过程如图 6.19～图 6.21 所示。

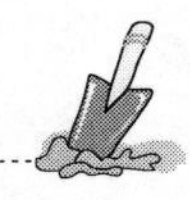

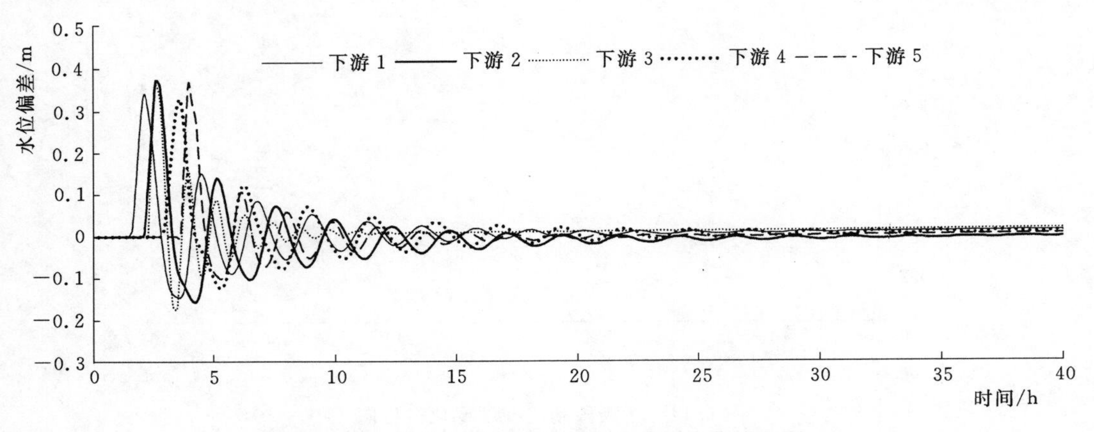

图6.16 污染段下游段闸前水位偏差变化过程图

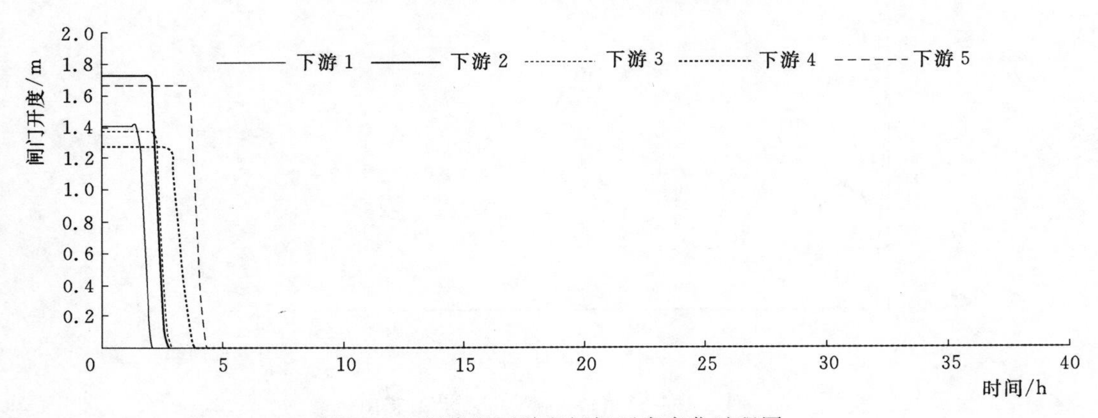

图6.17 污染段下游段闸门开度变化过程图

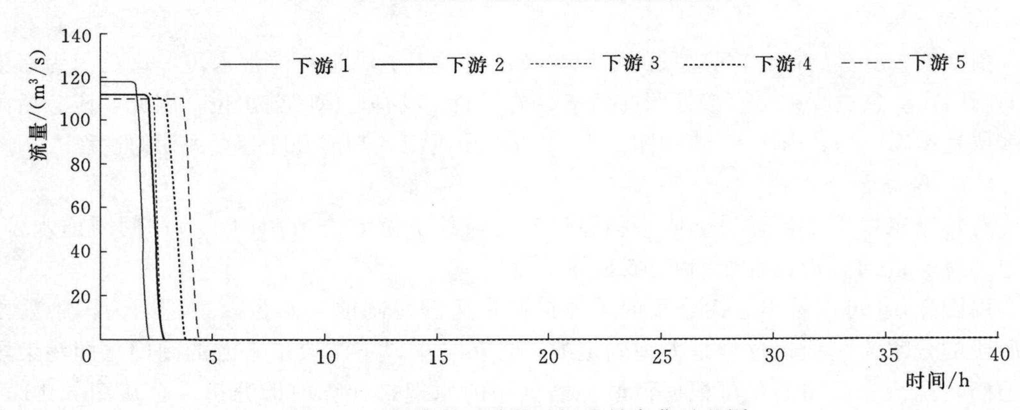

图6.18 污染段下游段过闸流量变化过程图

由图6.19可以看出，污染段的水位在稳定后满足闸前常水位，这是因为污染渠段上游段采用了反馈算法，逐步调整闸门开度，使得渠池蓄量接近目标蓄量，从而使得闸前水位为接近目标水位。且从图6.20可以看出上游段采用的是同步关闸措施，而且在关死一段时间后再开启，但开启时间不同。从图6.21可以看出闸门开度操作造成的过

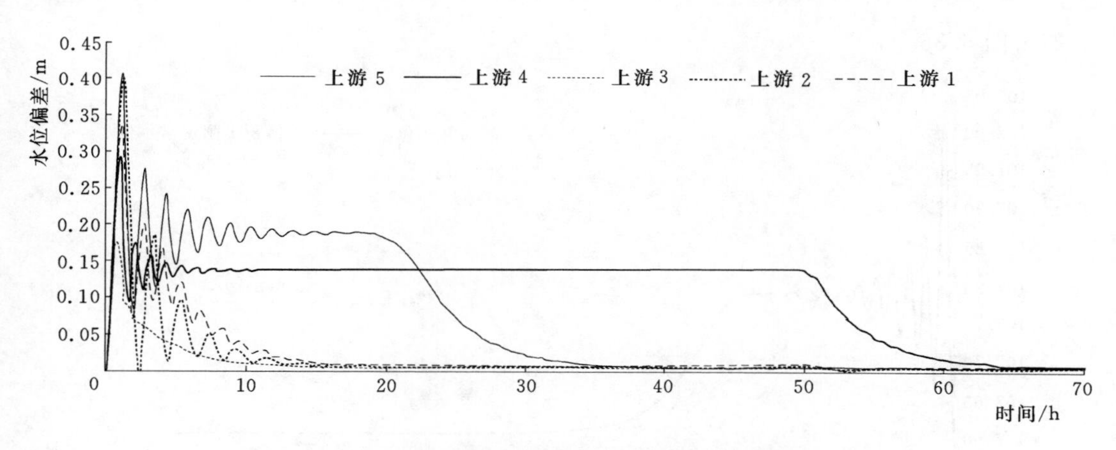

图 6.19 污染段上游段闸前水位偏差变化过程图

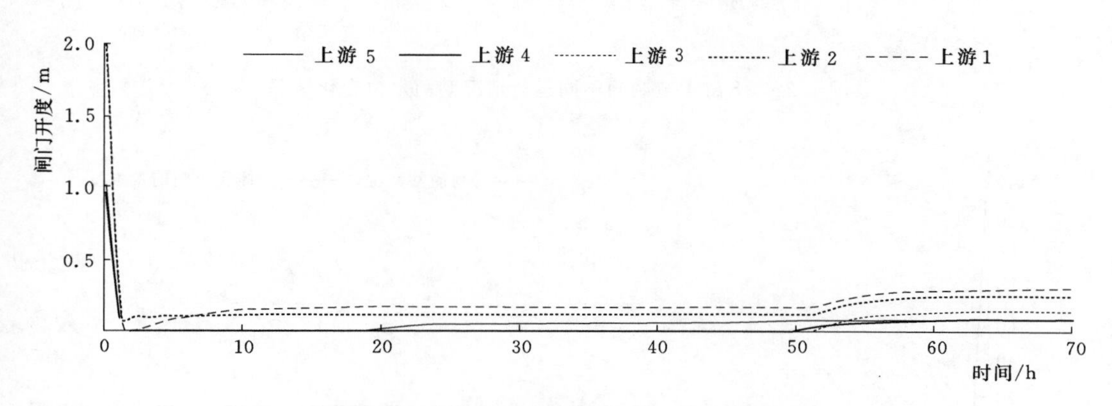

图 6.20 污染段上游段闸门开度变化过程图

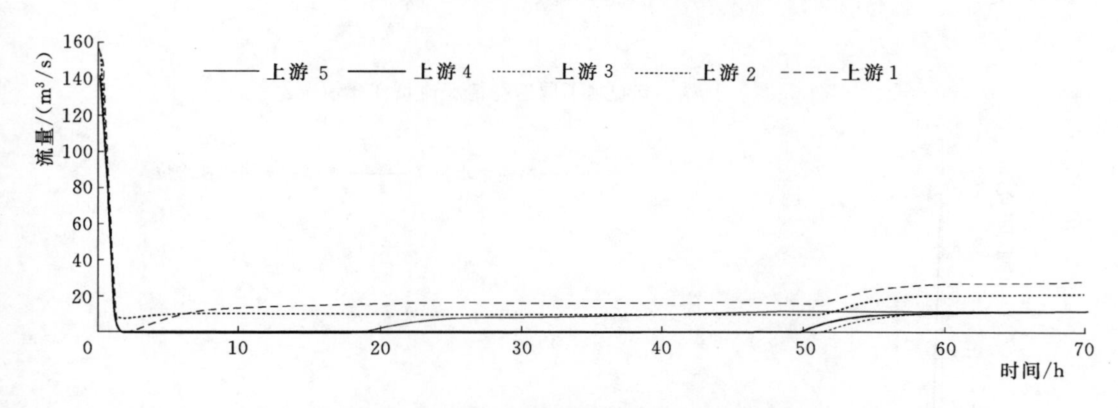

图 6.21 污染段上游段过闸流量变化过程图

闸流量变化过程，在稳定后，维持一定的流量不变，这样满足上游段正常供水。且由于过闸流量的不一致，由流量差来调整渠池体积，进而达到控制闸前水位的目的。

闸前常水位运行方式和等体积加闸前常水位运行方式下，渠段的调控结果见图

6.22～图6.36。

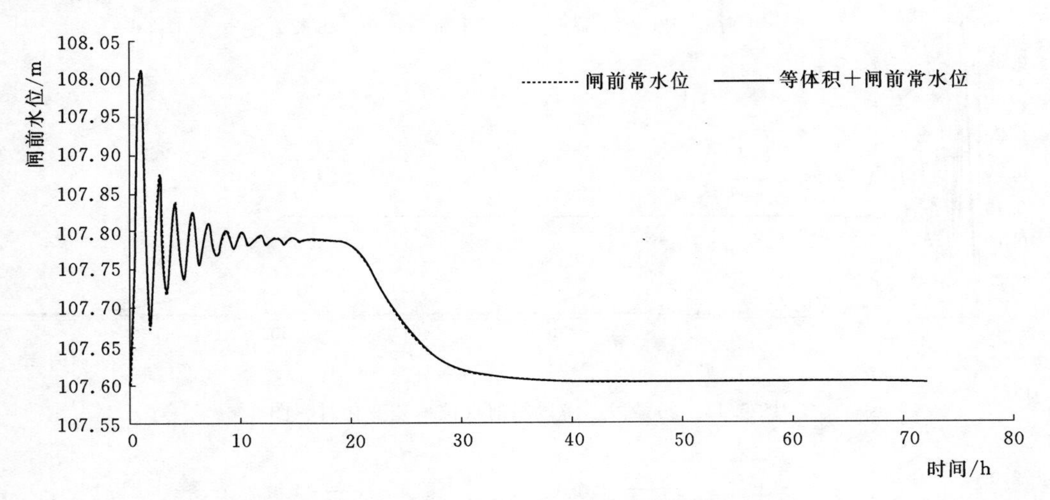

图6.22 上游1节制闸不同运行情况闸前水位变化情况

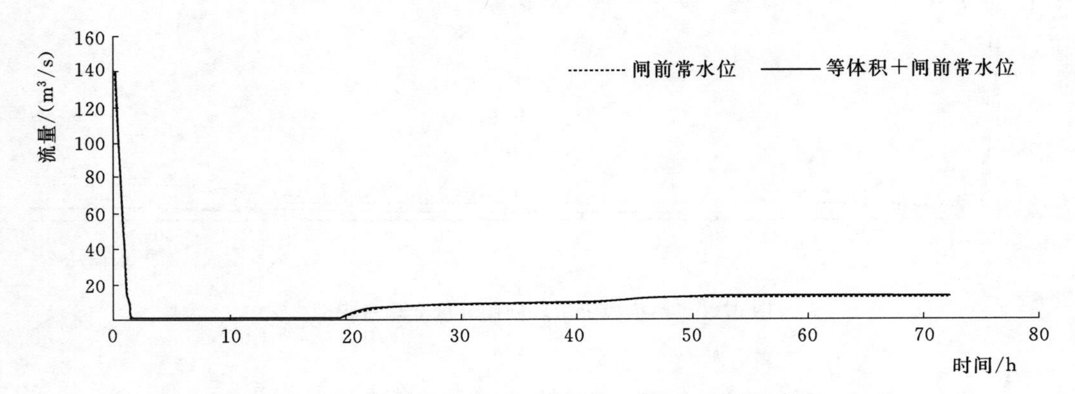

图6.23 上游1节制闸不同运行情况流量变化情况

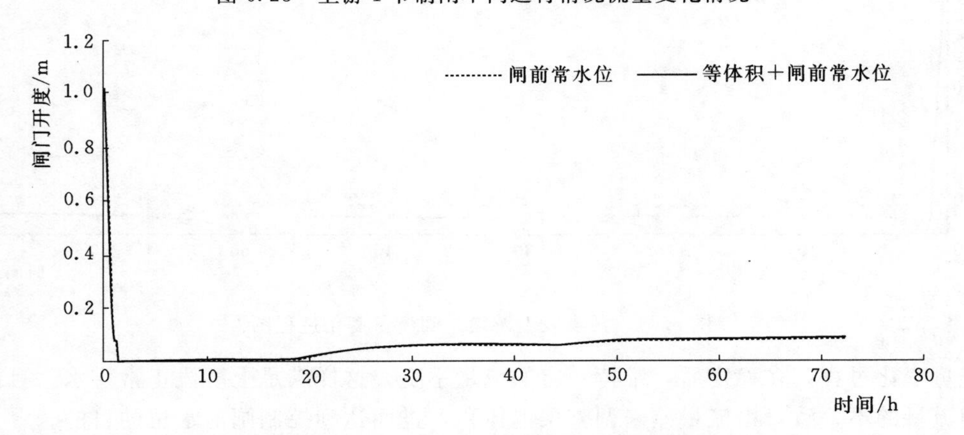

图6.24 上游1节制闸不同运行情况闸门开度变化情况

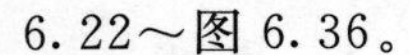

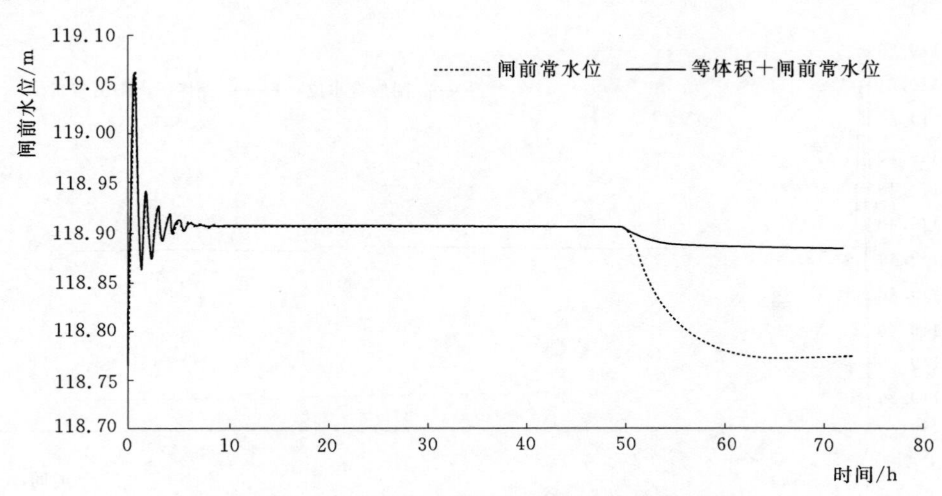

图 6.25 上游 2 节制闸不同运行情况闸前水位变化情况

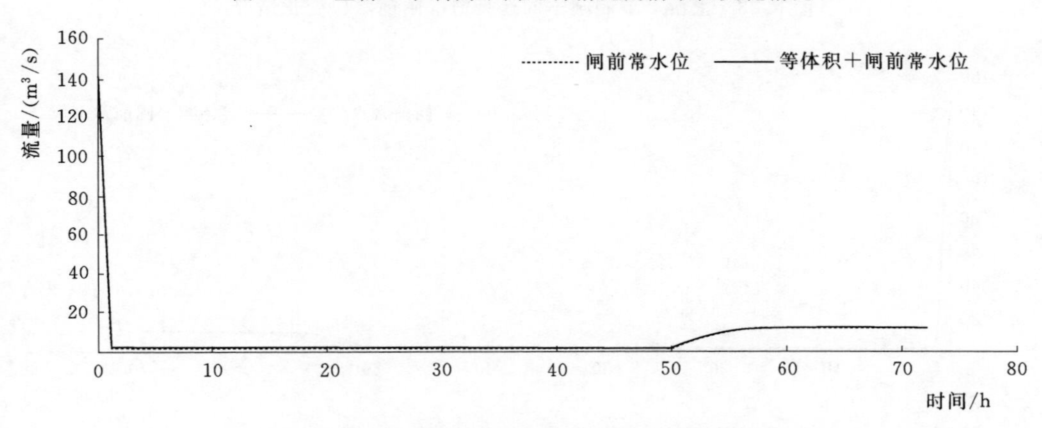

图 6.26 上游 2 节制闸不同运行情况流量变化情况

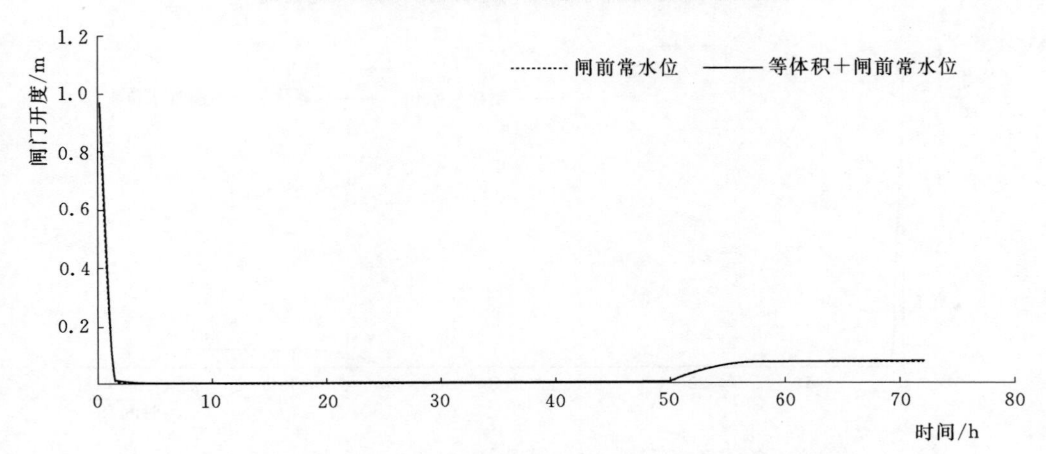

图 6.27 上游 2 节制闸不同运行情况闸门开度变化情况

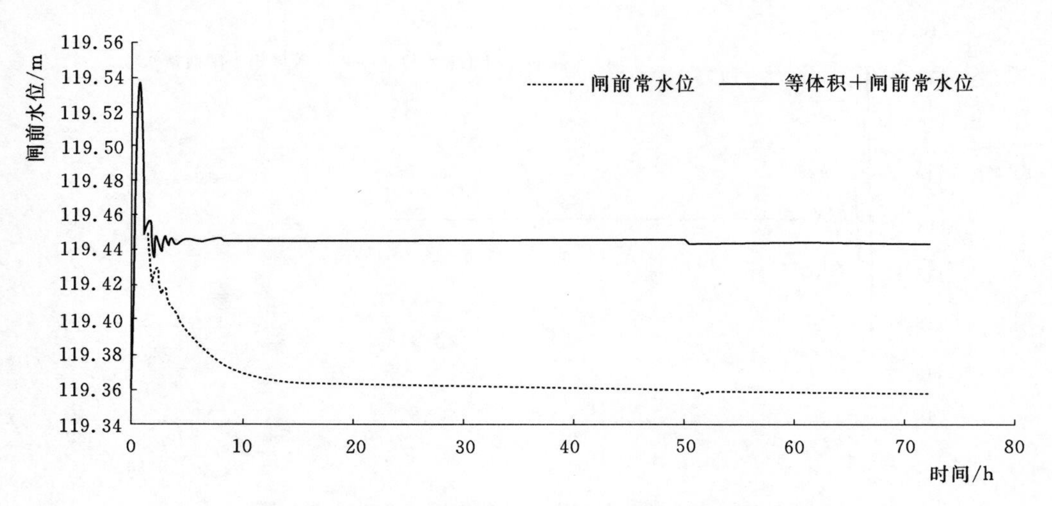

图6.28　上游3节制闸不同运行情况闸前水位变化情况

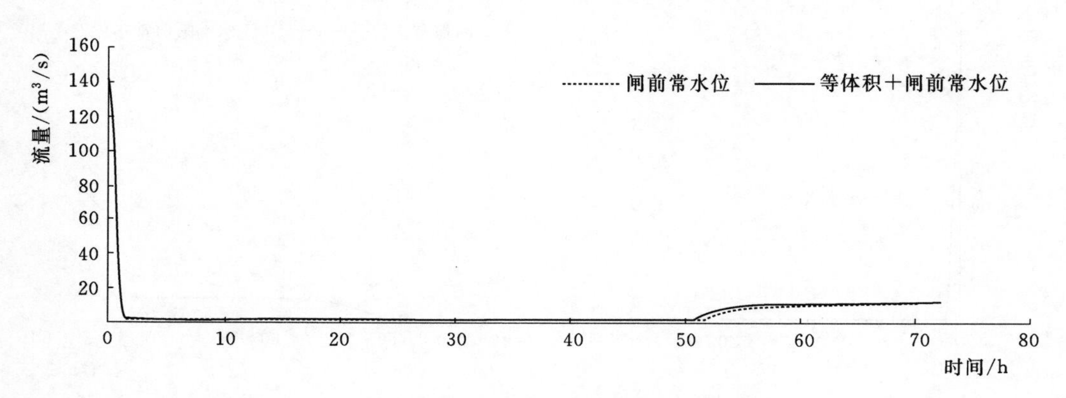

图6.29　上游3节制闸不同运行情况流量变化情况

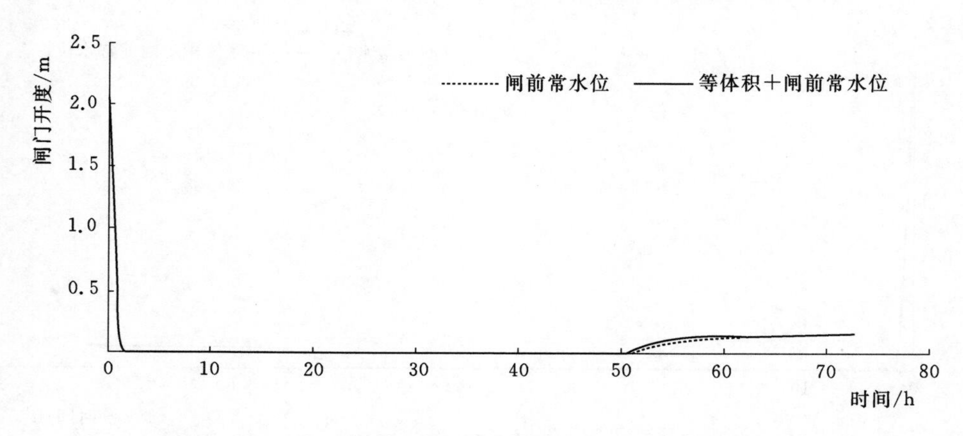

图6.30　上游3节制闸不同运行情况闸门开度变化情况

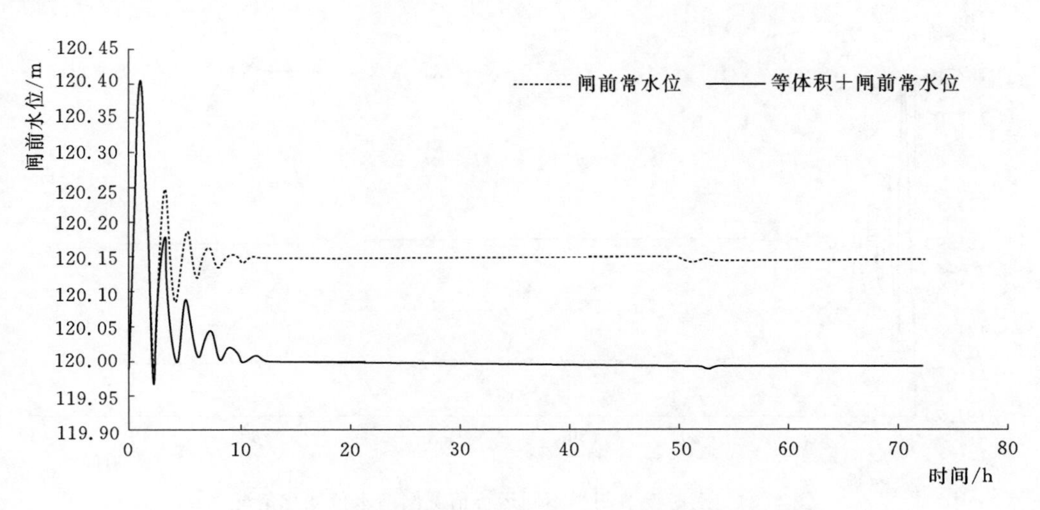

图 6.31 上游 4 节制闸不同运行情况闸前水位变化情况

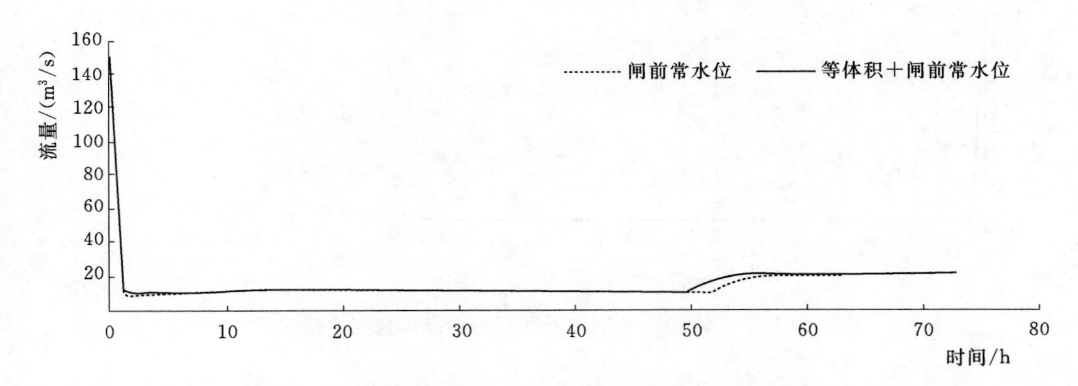

图 6.32 上游 4 节制闸不同运行情况流量变化情况

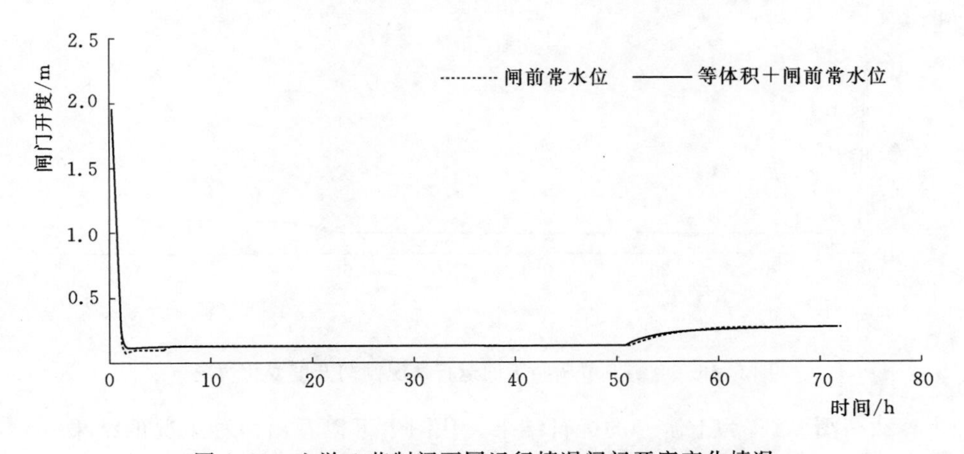

图 6.33 上游 4 节制闸不同运行情况闸门开度变化情况

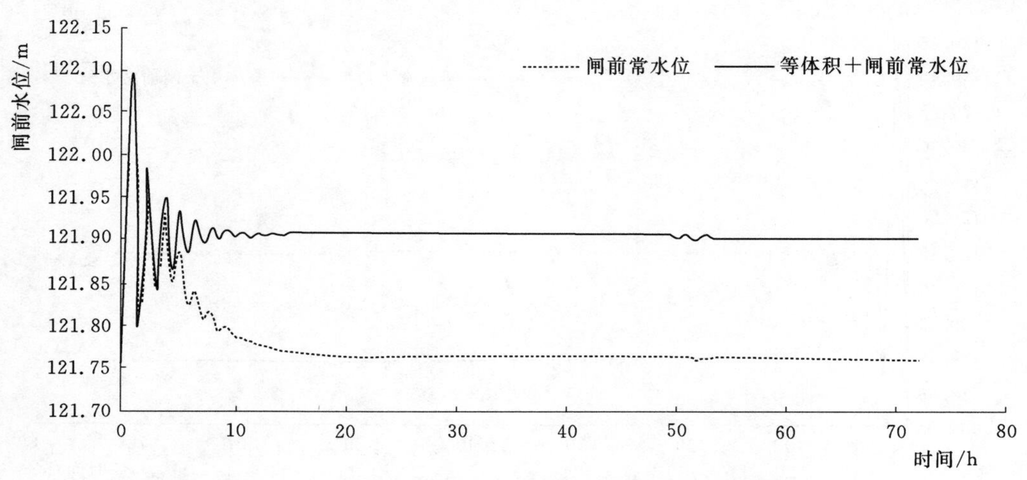

图 6.34　上游5节制闸不同运行情况闸前水位变化情况

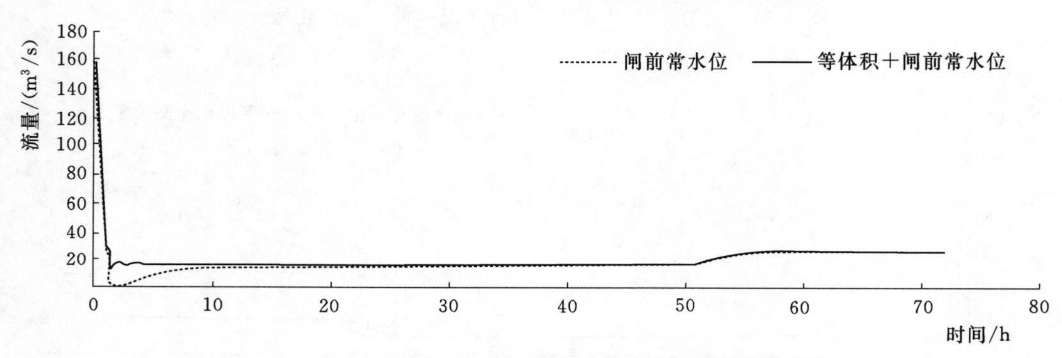

图 6.35　上游5节制闸不同运行情况流量变化情况

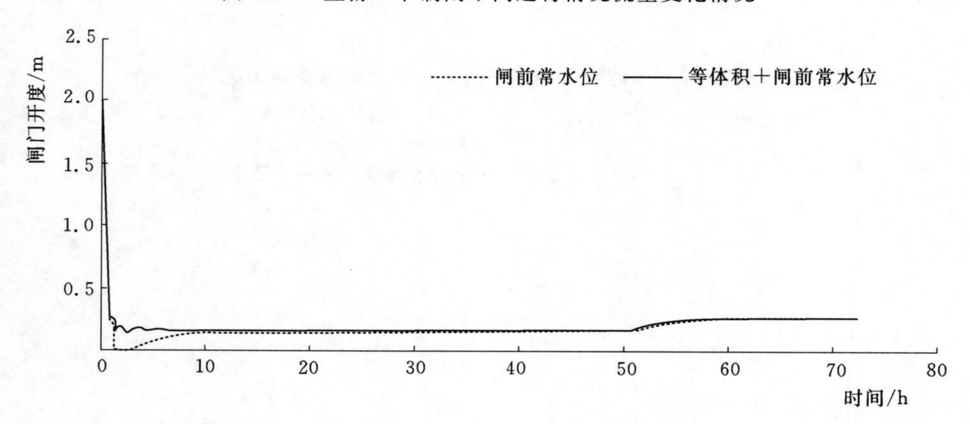

图 6.36　上游5节制闸不同运行情况闸门开度变化情况

图 6.22～图 6.24 为上游一的运行结果，从图中可以看出两种工况的结果一致，是因为上游一节制闸对应的渠段比较靠近下游，两种工况下都是闸前常水位运行方式，所以结果没改变。

图 6.25～图 6.27 为上游 2 的运行结果，从图 6.25 可以看出在两种工况下闸前水位的区别，在等体积控制下稳定闸前水位要高于闸前常水位运行方式下的闸前水位。但是在图 6.26 和图 6.27 中，没看出闸门开度和流量的区别，因此造成水位不一致的原因在于上游节制闸的开度变化不一致，这在图中未展示出来。

图 6.28～图 6.36 为上游 3、4、5 三个节制闸在两种工况下的结果，分别对比节制闸的上游水位、过闸流量和闸门开度，可以看出两种运行方式下的差别。等体积运行方法下，稳定后闸前水位都高于闸前常水位运行方法，这样闸门的水位下降速率要更小，更有利于工程安全。等体积运行方式下，开启闸门的时间提前了，这样对应的应急调整时间更短。而且，这种情况越靠近上游，越是明显。这是因为越靠近上游，等体积运行方式与闸前常水位运行方式的蓄量累计差越大，闸门的操作区别越大。

6.4 本章小结

本章针对输水工程上突发水污染应急工况，制定了一套完整的闸门调控规则和自动控制算法。针对应急工况导致的渠池运行工况大改变，提出了一套不同于常规调控的调控思路，将应急调控分为了调控规则制定以及自动控制算法研究。分析了异步关闸与同步关闸规则的优缺点，得出了同步关闸规则更适用于应急调控的结论，并提出了应急工况下的运行方式转变思路和可行性分析方法。将应急工况下的渠段分为事故段上游、事故段下游以及事故渠段，针对不同的渠段提出了不同的自动控制算法。并详细介绍了通过蓄量控制完成事故段上游渠段的反馈闸门调节方法。

应用结果表明，本章提出的方法能够指导渠段安全、平稳的进行应急调控，并保证最终渠段水位稳定且保持在目标点水位。并且通过调整渠池运行方式，比如将闸前常水位运行转变为等体积运行，可以缩短应急调整时间，减小渠池水位波动，得到更好的调控效果。

第7章

突发水污染应急调控指挥系统

7.1 服务对象

应急调控指挥系统的服务对象是应急指挥机构。

应急指挥机构负责事故的接警、应急方案的启动、整个应急过程的统筹和指挥，以及后勤保障等任务，由应急指挥决策机构、现场应急处理及后勤保障等3个部分组成。

1. 指挥决策机构

(1) 应急委员会。主要职责是审定突发水污染事故防范和应急计划并协调落实，是整个突发水污染事故应急的指挥和决策机构。应急委员会下设应急办公室，主要负责应急委员会日常工作；当发生重大或特大突发水污染事故时，由临时设立的应急指挥部统一指挥。

(2) 专家咨询组。由环保、水利水文、气象等多个方面的专家组成，对事故进行综合的评价，提供决策方案，充当应急指挥部参谋。而在事故处理后，进行事故环境影响评价，调查和评价事故造成的环境破坏程度，提出环境修复方案。

(3) 公众宣传组。主要是根据应急指挥部的授权对污染事故进行现场报道，定时发布事故的各种信息。同时，针对事故污染物的属性，宣传各种防护方法和措施，指导群众进行自我保护，解除群众疑虑，避免造成恐慌。

2. 现场应急处理

(1) 现场指挥组。主要负责事故现场的应急指挥和各专业组之间的协调，并通过专线和指挥部保持实时联系，起到“上传下达”的作用。

(2) 工程抢险组。主要负责现场受破坏设施修复，污染源的控制，污染水体处理，搭建临时处理设施，灭火、防爆等工作。

(3) 应急监测组。负责实时应急采样和监测，并向应急指挥部及时上报监测结果。

(4) 治安维持组。主要负责交通疏导和管制，人员的疏散、转移，设立警戒线等方面工作。

(5) 医护救助组。主要负责对事故现场的受伤者进行初步的抢救和处理，并将伤员转移至医院进行进一步治疗；同时，为现场事故处理人员提供必要的医疗卫生防护。

3. 后勤保障

主要负责保障应急通讯的畅通，保障防护装备、事故处理物品、工程抢险设备等后

勤保障物资的供应，保障纯净水、食品等生活必需用品的供应。

以某跨流域大型调水工程为例：其水污染应急指挥部，在突发事件应急领导小组的领导下开展水污染事件的应急处置工作；水污染应急指挥部下设水污染应急指挥部办公室、水污染应急专业组等组织机构。

水污染应急指挥部的指挥长为分管局领导，成员包括相关副总师、水质保护业务部门负责人及相关部门负责人，二级运行管理单位负责人。职责为：审定水污染事件防范和应急计划，协调部门关系，统一落实应急行动；针对预案实施中存在的问题，适时进行调整、补充和完善应急处置措施；当水污染事件超出中线建管局通水运行处置能力时，依程序请求上级单位和当地政府支援，做好职责范围内的应急处理有关工作。

水污染应急指挥部办公室设在水质业务部门，作为水污染应急指挥部的办事机构，水质业务部门负责人兼任办公室主任。其职责为：贯彻执行水污染应急指挥部的决定；负责水污染应急指挥部的联合救援、综合协调及其相关组织管理工作；及时向上级主管部门报告水污染事件的进展情况；有计划地组织实施水污染事件应急救援的培训和演习；定期组织修订完善南水北调中线干线工程水污染事件应急预案，监督检查各级运行机构各自应急预案的制定、演练及实施工作；对水污染事件结果进行评估和经验教训总结，协助政府有关部门做好事件的善后工作。

事件应急处理期间，各级运行管理部门都有职责参与应急救援，根据各自职能特点和现场应急需要，成立7个应急专业组，包括水质监测组、调度组、现场处置组、后勤保障组、新闻宣传组、综合信息组、专家组。其职责分别为各自专业相应的相关响应内容。

7.2 系统框架

跨流域调水工程突发水污染应急调控指挥系统包括监控、数据库、决策控制、用户界面等4个层次。监控层负责水量水质监测及闸泵群的现地控制与执行。数据库包括实时水量、水质信息，实时工情信息，工程参数和模型参数信息等。应用层则包括信息管理、仿真模拟、模拟预测、应急预警、应急调控5个模块，并把决策支持模型群组与集中控制算法、现地控制算法、监测信息进行集成衔接。用户界面则完成与用户的图、表、GIS等交互式操作。系统总体框架设计如图7.1所示。

7.3 系统功能

跨流域调水工程突发水污染应急调控指挥系统主要包括信息管理、溯源预测、仿真模拟、评价诊断、应急调控、应急处置等。

7.3.1 信息管理

信息管理子系统的功能为自动化采集获取模型计算相关的数据信息并进行管理。信

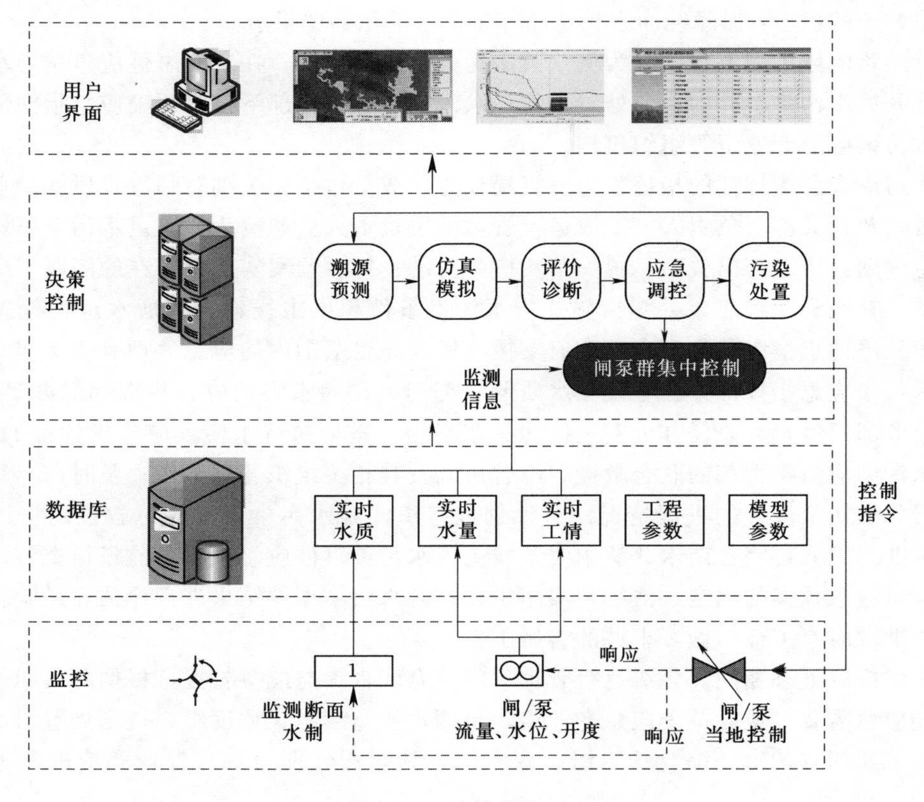

图 7.1 系统框架图

息管理子系统也提供人工录入功能，当通信或者设备故障或偶遇系统变更维护导致无法通过自动化手段获取数据的情况下，可人工录入数据。

信息管理子系统的数据按类型主要分为实时水量信息、实时水质信息、实时工情信息、实时视频监控信息、工程参数信息、模型参数信息。

（1）实时水量信息。利用 ODI 接口技术从闸站监控系统获取实测数据或者人工获取现地闸站上报数据，实测数据主要分为 3 部分：①节制闸实测数据；②分水口实测数据；③退水闸实测数据。节制闸实测数据包括：监测时间（当前时间），闸前水位，闸后水位，孔 1 开度，孔 2 开度，孔 3 开度，瞬时流量，累计流量。分水口、退水闸实测数据包括：当前时间，分或退水瞬时流量，累计流量。

（2）实时水质信息。实时水质数据主要是南水北调中线沿线全参数水质数据。

（3）实时工情信息。监测信息主要包括渠道建筑物安全信息和总干渠的水情信息（含渠道水质、水位、流量）以及工程沿线的污染物泄漏信息、沿线交通肇事事件、闸门调度失灵、恶劣水文气象、洪涝灾害和地质地震灾害等公共信息。当发生污染物泄漏、交通事故、闸门调度失灵、灾害性天气、江河洪水和地质地震灾害等突发事件时，应急管理办公室信息中心应及时向当地气象、水文、地震、环保、交通、公安等部门了解最新数据及其发展趋势，其中包括突发事件发生的时间、地点、类型、发展趋势及可

能造成的危害等信息；沿线渠道建筑物安全、渠道水质水位、流量及供水调度等日常信息及分析结果，由属地各级管理机构按时提交至应急办公室信息中心。

（4）实时视频监控信息主要是指工程沿线视频监控摄像头的视频实时信息。

（5）工程参数信息主要是南水北调中线干线主要建筑物，包括水库、分水口、退水闸、渠道、节制闸、渐变段、渡槽、有压涵洞、倒虹吸、无压涵洞、桥梁。其中渠道参数包括各渠道的桩号、底宽、边坡、渠底高程、渠顶高程等渠道基本参数，闸门信息包括：闸门名称、桩号，闸底高程、闸门孔数，闸门宽度等闸门基本参数，以及其余水工建筑物的各基本工程参数。针对实际运行工程参数的和设计的差距，系统可以对有改动的水工建筑物参数进行修改，与此同时可以对所有南水北调中线水工建筑物整体和分文别类的进行浏览、查询功能。

（6）模型参数主要是：模型运行所需要的基本参数，主要是模型开始运行时间，结束时间，时间步长，上下游边界和内边界条件等，各水质元素初始浓度等。

7.3.2 溯源预测

溯源预测分为工程总干渠溯源预测、工程水源区溯源预测。

7.3.2.1 工程总干渠水质水量快速预测及追踪溯源

根据工程总干渠渠道特征和污染事件风险源分析，应用突发水污染快速预测技术、突发水污染追踪溯源技术，实现工程总干渠水质水量预测、追踪溯源分析以及预测动态模拟3项功能。

水质水量预测：用来进行水流-水质数值计算并实现对某一计算节点污染物浓度、水量和水位的直接查询，方便用户使用。

追踪溯源分析：实现突发污染事件污染物源强、距离的反演功能，便于工作人员对突发污染事件基本信息的识别和认知。

预测动态模拟：用两种方式动态展示污染物沿程浓度变化，一种是不同等级的浓度对应不同颜色，通过渠道颜色的动态变化直观地展示污染物浓度的变化，另一种方式是利用不同时刻浓度沿程变化的曲线图来体现污染物沿程的变化过程。

7.3.2.2 水源区突发水污染快速预测及追踪溯源

基于水源区突发水污染水质水量快速预测技术和水源区突发水污染追踪溯源技术，构建水源区突发水污染事件快速预测及追踪溯源模块。

模块提供空间数据浏览、水动力情景模拟、突发事件水质模拟、模拟预测结果可视化等功能。

空间数据浏览：提供空间数据交互式分层管理、用户自定义浏览和属性表操作等功能。

水动力情景模拟：通过获取水文监测数据，进行水动力情景数据库的工程化构建。

突发事件水质模拟：基于模型预处理、突发事件位置标注、污染物设定3项准备工作，进行水质水量模拟计算。

模拟预测结果可视化展示：实现污染物浓度动态渲染、污染物浓度曲线查询两个功能。

7.3.3　仿真模拟

仿真模拟子系统的功能为对工程干渠进行一维水质水量联合模拟、对工程水源区进行二维水质水量联合模拟。

实现突发水污染情况下及正常运行工况下的工程干渠水流水质数值模拟，以及突发水污染情况下及正常运行工况下的水源区二维水动力水质仿真模拟。正常运行工况下可选溶解氧(DO)、生化需氧量（BOD)、叶绿素-藻类、氨氮、亚硝态氮、硝态氮、溶解性磷、可降解污染物、不可降解污染物，9种污染物中的一种或者几种进行数值仿真模拟：模拟不同供水情景下的污染物的迁移、扩散、降解、反应、吸附等物理生化过程，得出渠道不同时刻污染物的范围和各个断面污染物的变化过程，为突发污染事故提供技术支持。水源区二维水动力水质仿真模拟模型，应实现模拟区域内水动力及水质条件的变化，为湖库水资源高效利用、水环境治理、突发水环境污染事故应急对策制定提供技术支撑和决策支持。

仿真模拟子系统主要包括模型初始参数边界设置，水力学结果统计分析，水质结果统计分析3大部分。其中模型初始参数边界设置包括水力学参数和水质参数，水力学结果统计分析包括正常运行工况和应急工况下水力学过程。水质结果统计分析包括正常运行工况和应急工况下水质迁移过程。

7.3.4　评价诊断

评价诊断子系统功能为基于溯源预测结果、仿真模拟结果及其他相关信息，应用水质安全评价诊断技术，对当前事态进行评价诊断。

该子系统可根据实时浓度数据，考虑不同风险类型（功能区破坏风险、社会影响风险、人群健康风险和水体生态风险)，根据用户需要进行不同类型的风险图制作和风险发布。主要包括浓度场数据读取、风险计算、预警判断和预警图制作等界面。

7.3.5　应急调控

应急调控子系统的功能为基于突发事件诊断定位、考虑闸坝控制作用下的水量水质多过渡过程数值仿真，结合应急预案、方案等文件，应用闸门应急调控下中线干线水力学水质模型，提出应急调控方案并进行模拟计算，并对该方案下的应急控制效果进行评价。

该子系统包括参数设置、模型校验、闸门应急调控模拟结果评价3个部分。

7.3.6　应急处置

应急处置子系统功能为根据污染物的性质和污染特征尺度信息，结合调控方案的水力调控结果，基于构建的应急处置启动判别流程、突发污染威胁度判断指标体系和判别标准，对应急调控处置是否启动进行判别，判断污染物威胁度并给出调控处置措施。

7.4　实例

7.4.1　系统介绍

下面介绍某跨流域大型调水工程应急调控系统，作为跨流域调水工程突发水污染应

急调控指挥系统的实例。

该跨流域大型调水工程承担着多个省市的供水任务，地位重要，其调水的水质、水量及调水的时效性，与老百姓的日常生活息息相关，一旦发生事故，如不及时、准确、妥善应对，后果将十分严重。

工程的应急调控系统的服务对象为工程的管理机构及其下属单位，服务范围为工程总干渠全线，调度运行人员可以通过此系统的运行，针对总干渠正常供水过程中出现的突发事件，给出应采取的闸门应急调度措施、涉及管理方面的应急预案及其他工程措施。通过系统进行操作培训，提高操作水平。

系统的建设目标为：针对可能发生的水污染灾害，以工程总干渠为研究对象，以确保“一渠清水输送”为研究总目标，以应急调控处置为重点，集成突发事件诊断定位技术、水量水质多过渡过程数值仿真技术、多约束条件下的闸门控制算法、多种控制方式之间的平顺连接和转换技术、闸门自动控制算法与渠道控制方式的集成技术、突发事件应急控制评价技术、多源数据、多种模型软件集成技术等研究成果，研发工程应急调控系统，实现对污染物的追踪溯源及模拟出污染发生时的最优应急调控方案，支撑应急工况下的总干渠的应急自动化调度，为工程的安全输水提供技术保障。

该系统为工程的水量实施调度系统的子系统，水量实施调度系统包括一级菜单 6 个，分别为实时数据管理、模型计算仿真、应急调控模型、节点数据管理、通水数据查询、系统设置，其中应急调控子系统包括追踪溯源、快速模拟、精细模拟、闭闸分析、方案评价、应急调控方案管理 6 个部分（图 7.2），实现追踪溯源、模拟预测、应急调控等功能。

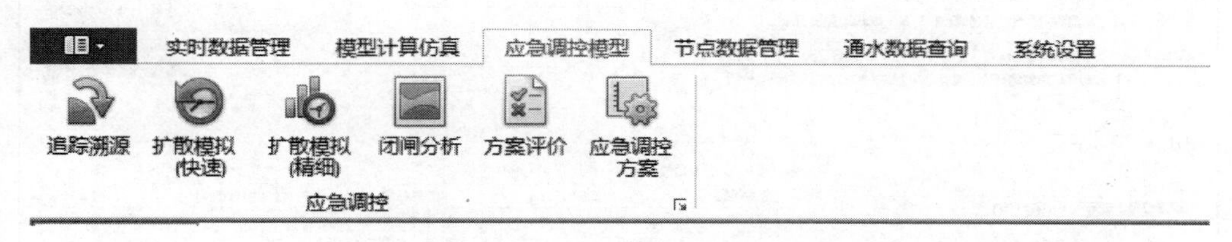

图 7.2 菜单栏界面

应急调控子系统菜单下各功能介绍见表 7.1。

表 7.1 **系统的功能组成**

功能名称	图标	功　　能
追踪溯源	追踪溯源	发生污染时，对监测数据进行分析，得到污染源的位置和发生时间
扩散模拟（快速）	扩散模拟 (快速)	对污染扩散过程进行模拟，预测污染的部分重要数据
扩散模拟（精细）	扩散模拟 (精细)	对污染扩散过程进行模拟，预测水动力数据和水质数据

续表

功能名称	图标	功　　能
闭闸分析	闭闸分析	闸门关闭过程渠道水位变化过程分析
方案评价	方案评价	对所得各闸控方案分析评价，得出最优解决方案
应急控制方案	应急调控方案	通过闭闸分析产生多套闸控方案

该应急调控子系统操作方法如下。

污染发生时，从系统进入应急调控子系统，点击追踪溯源进入到如图 7.3 所示的窗口。

图 7.3　追踪溯源功能界面

输入监测的时间数据和与之对应的监测浓度数据（注：多个时间数据间用逗号分隔；监测到的浓度值要去上面的时间对应，也用逗号隔开），点击输入框右侧的“追踪溯源”图标，进行溯源分析并得出污染源位置、发生时间以及污染源下游分水口或节制闸，在界面下方展示。

系统的扩散模拟分为快速和精细两种，快速预测得到峰值输移距离、污染物纵向长度和污染物峰值浓度；精细预测则提供水动力和水质数据。现以精细为例，从图 7.3 所示点击扩散模拟（精细）进入到如图 7.4 的界面。

图 7.5 为水动力数据展示，分为表格与曲线图展示。

图 7.4　扩散模拟功能及水动力展示界面

图 7.5 为水质数据展示，分为表格与动态图展示。

图 7.5　扩散模拟功能及水质展示界面

点击“闭闸分析”进入如图 7.6 所示界面。

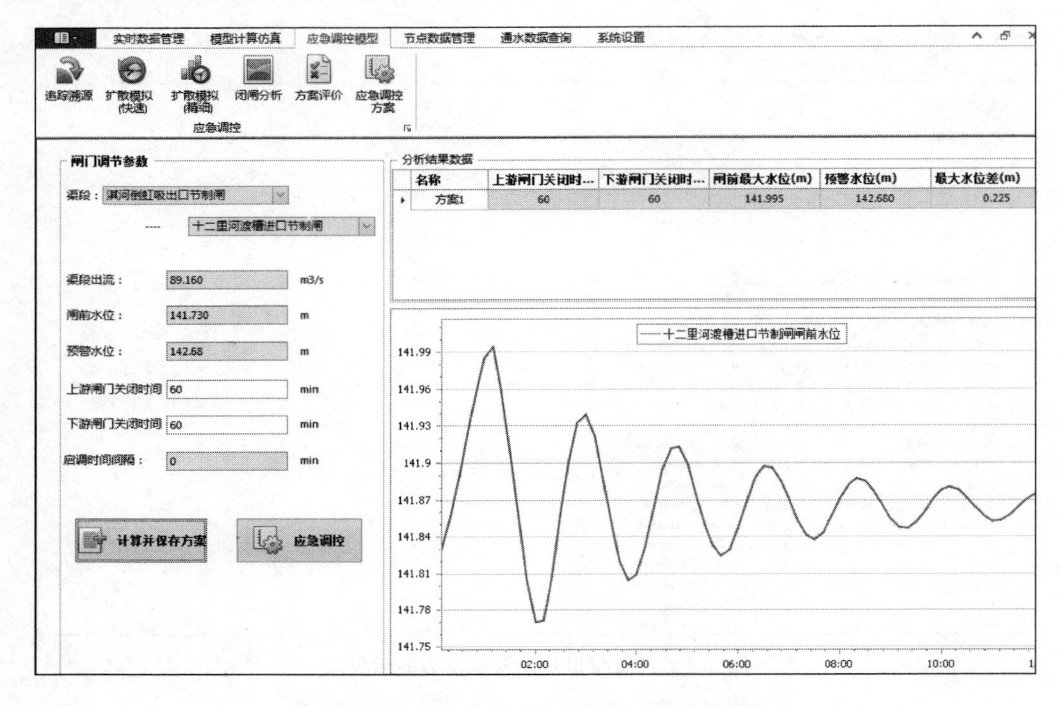

图 7.6 闭闸分析功能及方案 1 生成界面

根据闸门调节参数和填写的上、下游闸门关闭时间，点击“计算并保存方案”图标，则系统进行分析计算，并将分析结果通过列表和折线图的方式展示出来，得出一套闸控方案并保存。根据填写的闸门关闭时间的不同，可以得到不同的方案，如图 7.7 所示。

在点击“应急调控”按钮后，进入应急调控界面，如图 7.8 所示。

点击图 7.8 中“应急方案生成”图标，系统首先根据闭闸参数得到闭闸分析方案，结合采用的策略生成应急方案，图 7.8 展示分析进度，完成后弹出提示窗口，如图 7.9 所示。

点击“OK”后，进入方案评价界面，如图 7.10 所示。则系统根据之前的分析计算列出各方案的数据结果，并用蓝色背景标注最优解决方案，将方案详情列举在界面下方，用户可选择最优方案生成应急调控指令。

系统参数多为静态参数，还有部分实测参数需人工填写，如监测数据。

7.4.2 算例演示

假设 9：30 在十二里河渡槽进口节制闸（桩号 97.069km）监测到水质异常，监测到的浓度序列为（0，0），（6000，0.003），（12000，5.74），（17400，7.01），（20400，7.12）（22200，6.28），（27000，3.24），（41400，0.1）。渠道底宽为 18.5m，边坡 2.5，纵坡 0.00005，糙率 0.015，纵向离散系数 3.43，水深 4.5m，如图 7.11 所示。

（1）追踪溯源。点击“追踪溯源”按钮，调用追踪溯源模型，则可计算出污染源位置的桩号为 96.723km，发生时间为 9：16，污染源强为 3439.147kg。

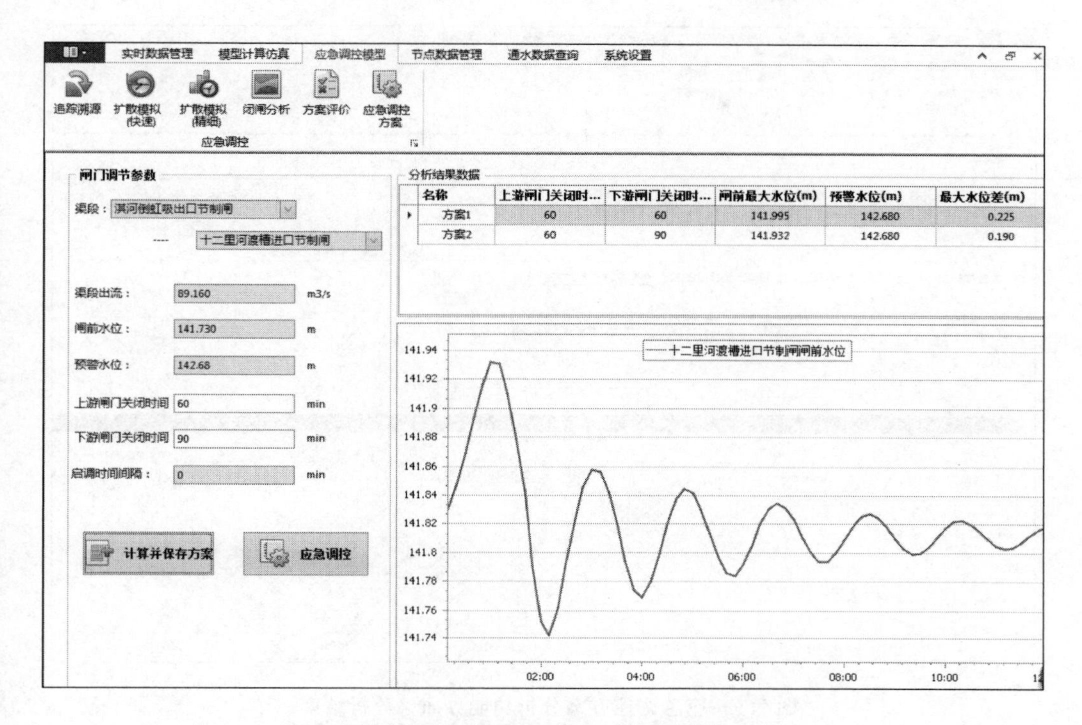

图 7.7　闭闸分析功能及方案 2 生成界面

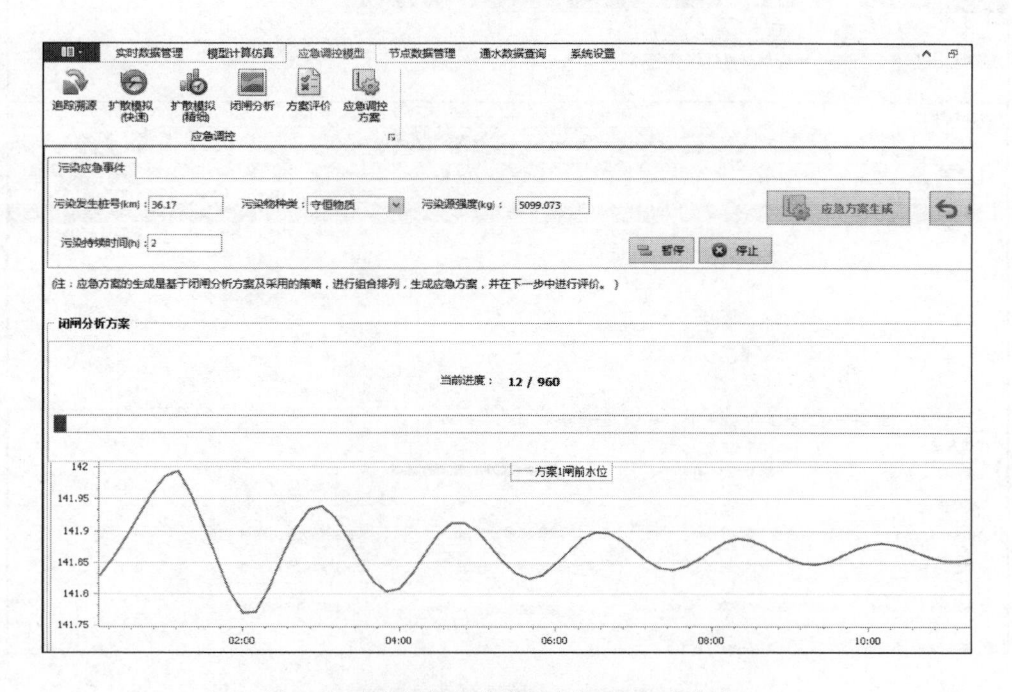

图 7.8　应急调控方案分析功能界面（分析中）

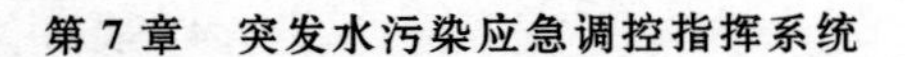

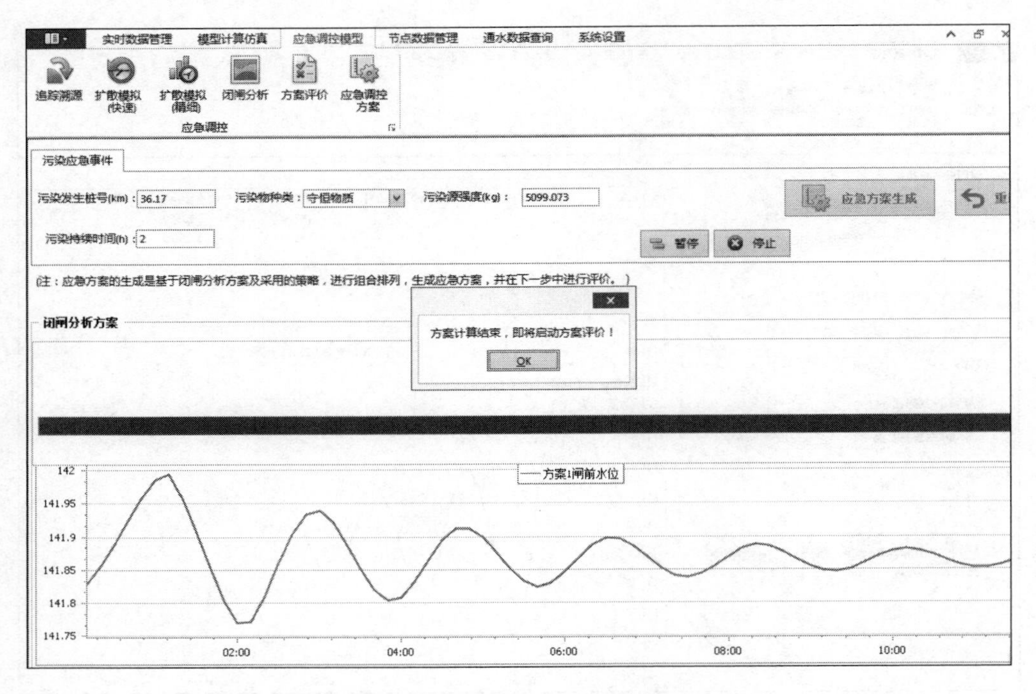

图7.9　应急调控方案分析功能界面（分析结束）

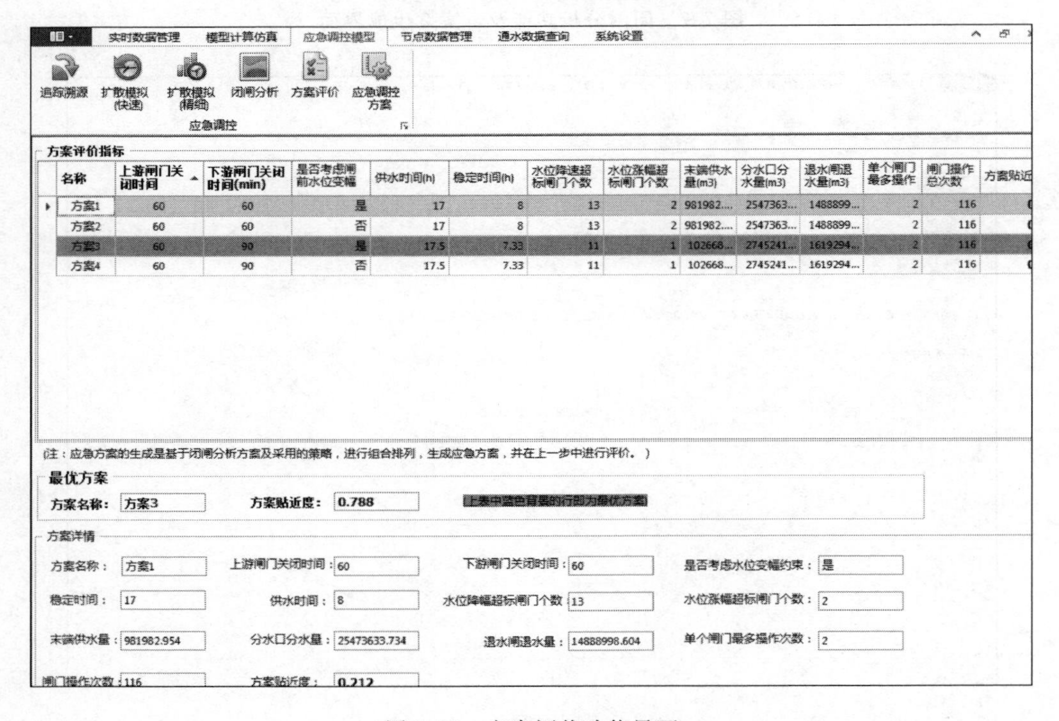

图7.10　方案评价功能界面

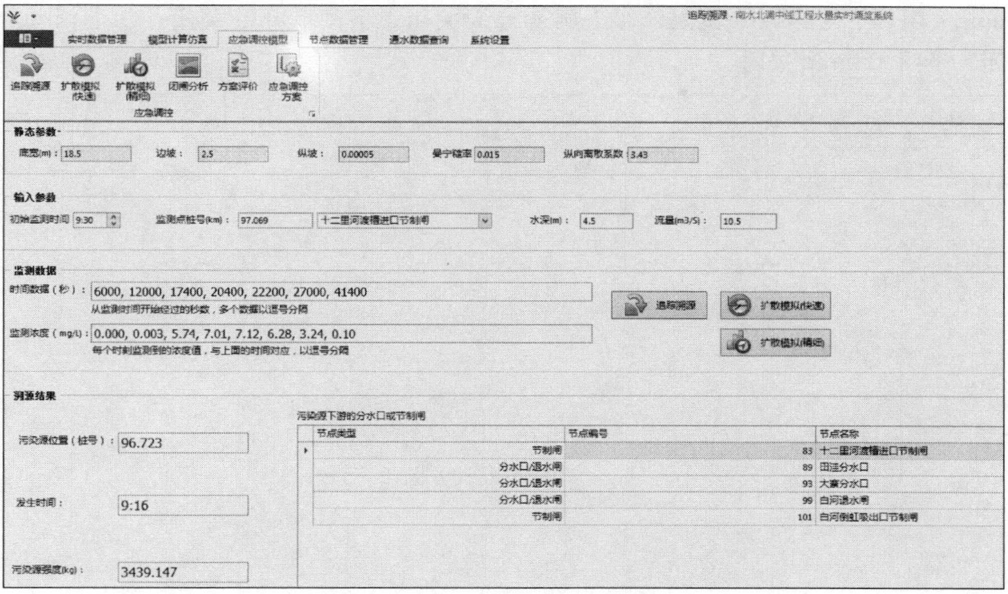

追踪溯源 - 南水北调中线工程水量实时调度系统

实时数据管理 模型计算仿真 应急调控模型 节点数据管理 通水数据查询 系统设置

追踪溯源 扩散模拟(快速) 扩散模拟(精细) 闭闸分析 方案评价 应急调控方案

应急调控

静态参数

底宽(m)：18.5 边坡：2.5 纵坡：0.00005 曼宁糙率 0.015 纵向离散系数 3.43

输入参数

初始监测时间 9:30 监测点桩号(km)：97.069 十二里河渡槽进口节制闸 水深(m)：4.5 流量(m3/S)：10.5

监测数据

时间数据(秒)：6000, 12000, 17400, 20400, 22200, 27000, 41400

从监测时间开始经过的秒数，多个数据以逗号分隔

监测浓度(mg/L)：0.000, 0.003, 5.74, 7.01, 7.12, 6.28, 3.24, 0.10

每个时刻监测到的浓度值，与上面的时间对应，以逗号分隔

追踪溯源 扩散模拟(快速) 扩散模拟(精细)

溯源结果

污染源位置(桩号)：96.723

发生时间：9:16

污染源强度(kg)：3439.147

污染源下游的分水口或节制闸

节点类型	节点编号	节点名称
节制闸	83	十二里河渡槽进口节制闸
分水口/退水闸	89	田洼分水口
分水口/退水闸	93	大寨分水口
分水口/退水闸	99	白河退水闸
节制闸	101	白河倒虹吸出口节制闸

图 7.11 追踪溯源界面

(2) 扩散模拟。点击“扩散模拟（精细）”按钮，调用水质模型，以追踪溯源的结果为输入条件，并以流量和水深等为边界条件，进行污染物的扩散模拟，结果如图 7.12 所示。

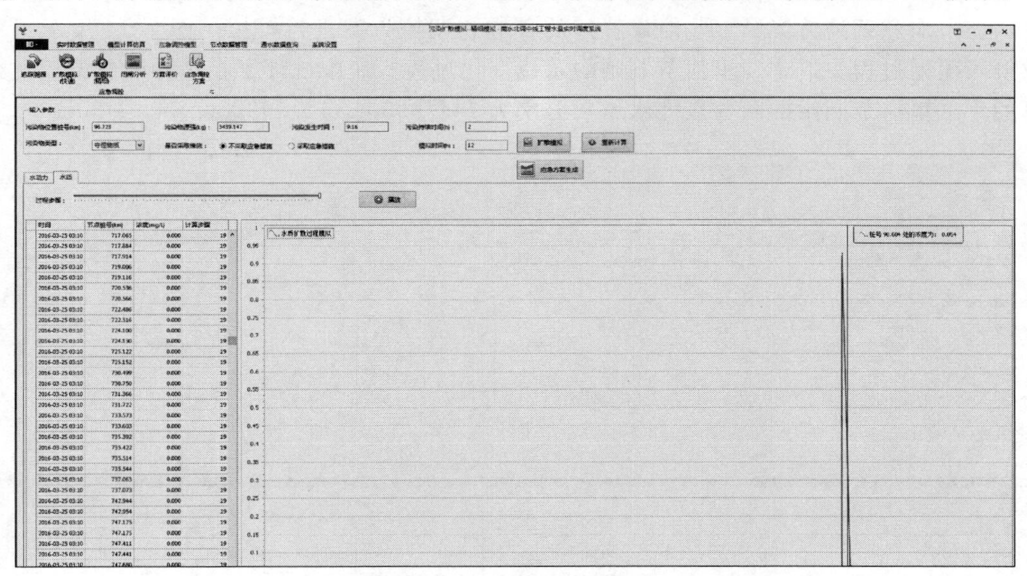

图 7.12 水质模拟界面

(3) 应急方案设置。点击“应急方案生成”，进入图 7.13 的界面，进行应急调控方案设置，主要设置参数为事故渠段的上游闸门关闭时间和下游闸门关闭时间，因为事故渠段上游和事故渠段下游的闸门操作可依据闸两个闸门的关闭时间来决定，就组成了一套应急调控方案，结果如图 7.13 所示，共设置了 3 套应急调控方案，分别为：①上闸

60min 关闭，下闸 60min 关闭；②上闸 60min 关闭，下闸 90min 关闭；③上闸 60min 关闭，下闸 120min 关闭。

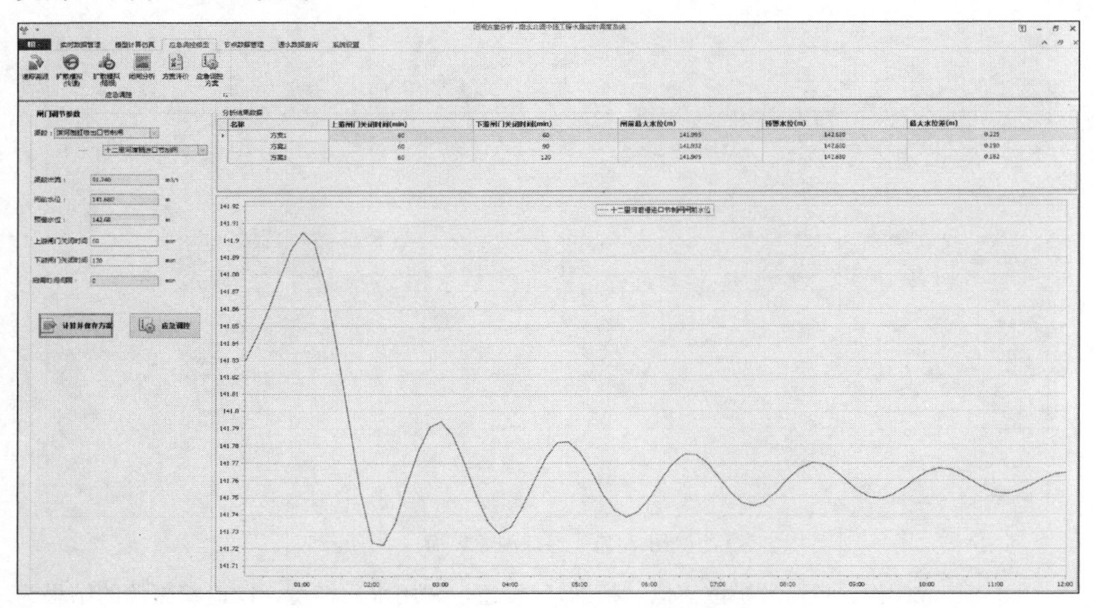

图 7.13　应急调控方案设置界面

（4）应急调控方案模拟。对设置好的各应急调控方案进行模拟，图 7.14 展示了事故渠段闭闸过程中，十二里河节制闸的水位变化过程。表中统计了在 3 种应急调控方案下的十二里河节制闸的闸前最大水位，分别为 141.995m、141.932m、141.905m。

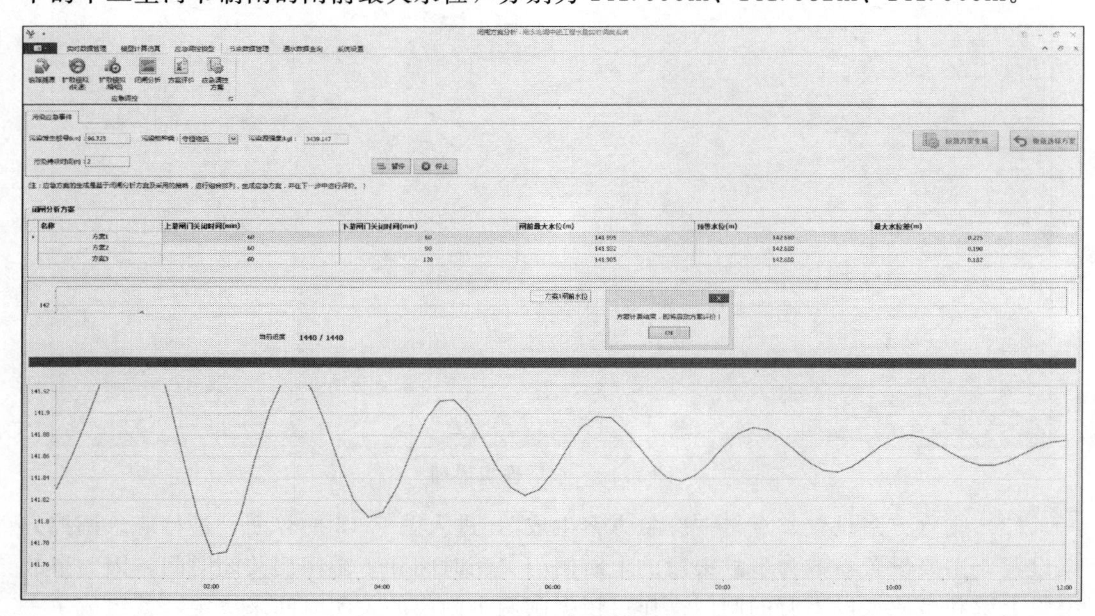

图 7.14　应急调控方案模拟界面

（5）应急调控方案评价。点击“方案计算结束，即将启动方案评价”，进入应急调控方案评价页面，如图7.15所示。图中展示了各方案在供水时间、稳定时间、水位降速超标个数、水位涨幅超标个数、末端供水量、分水口分水量、退水闸退水量、单个闸门最多操作次数、闸门操作总次数等9个指标的数值，并调用评价模型计算出方案的贴近度，分别为0.158、0.319、0.842。方案贴近度最大即为最优方案，因此说明在该应急事件的调控方案中，第三种方案（上闸60min关闭，下闸120min关闭）效果最优。

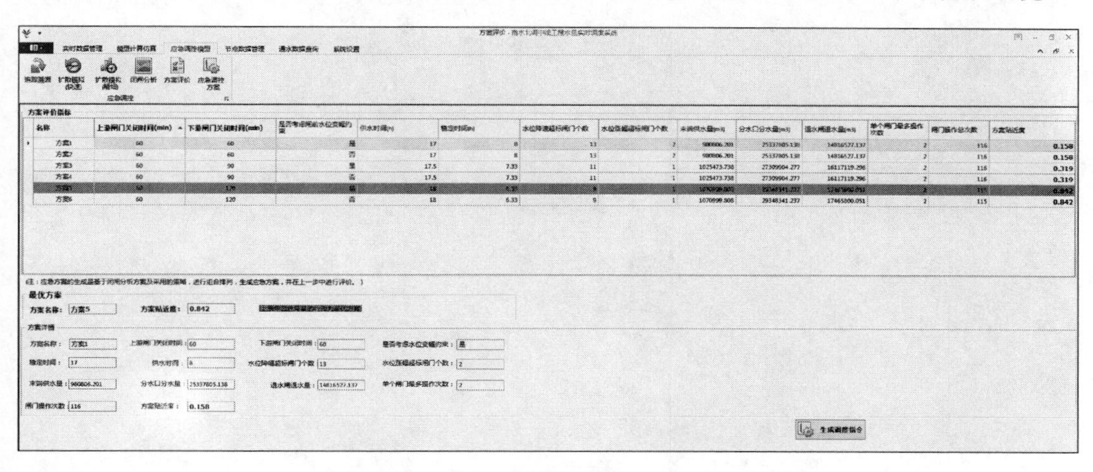

图7.15　应急调控方案评价界面

（6）生成调度指令。点击“生成调度指令”按钮，可以展示最优调控方案的调度指令，即各闸门的调控过程，如图7.16所示，并可导出为Excel。

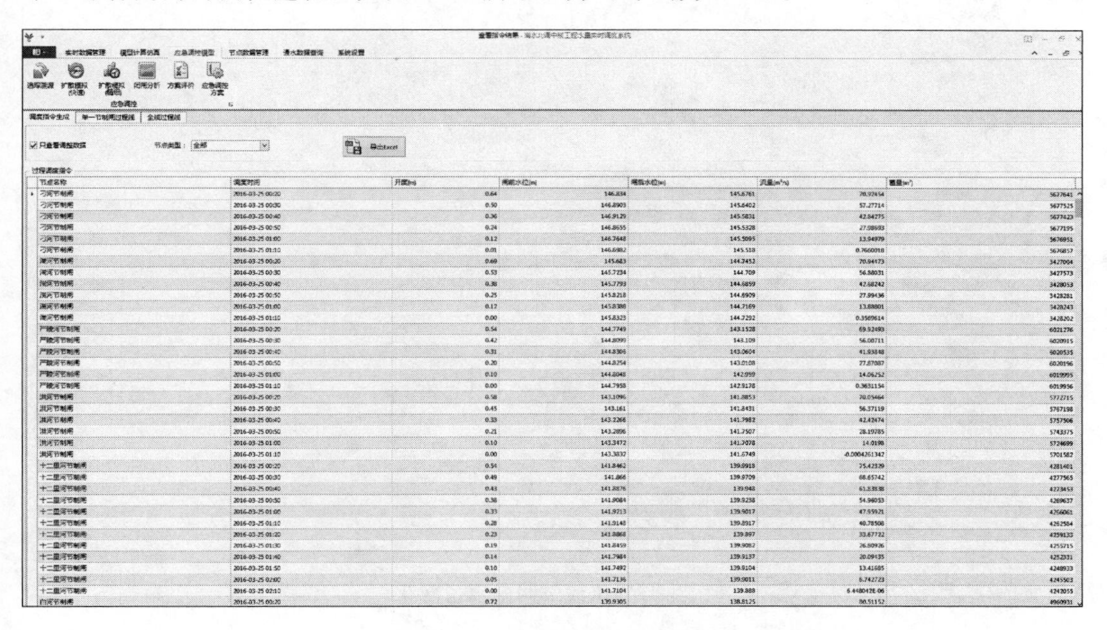

图7.16　应急调控指令生成界面

（7）应急调控效果展示。对应急调控方案进行模拟，则可展示出任一闸门的水位时间变化，如图7.17所示，展示了十二里河节制闸的闸前和闸后水位的变化过程；也可展示出全线节制闸的水位空间变化过程，如图7.18所示。

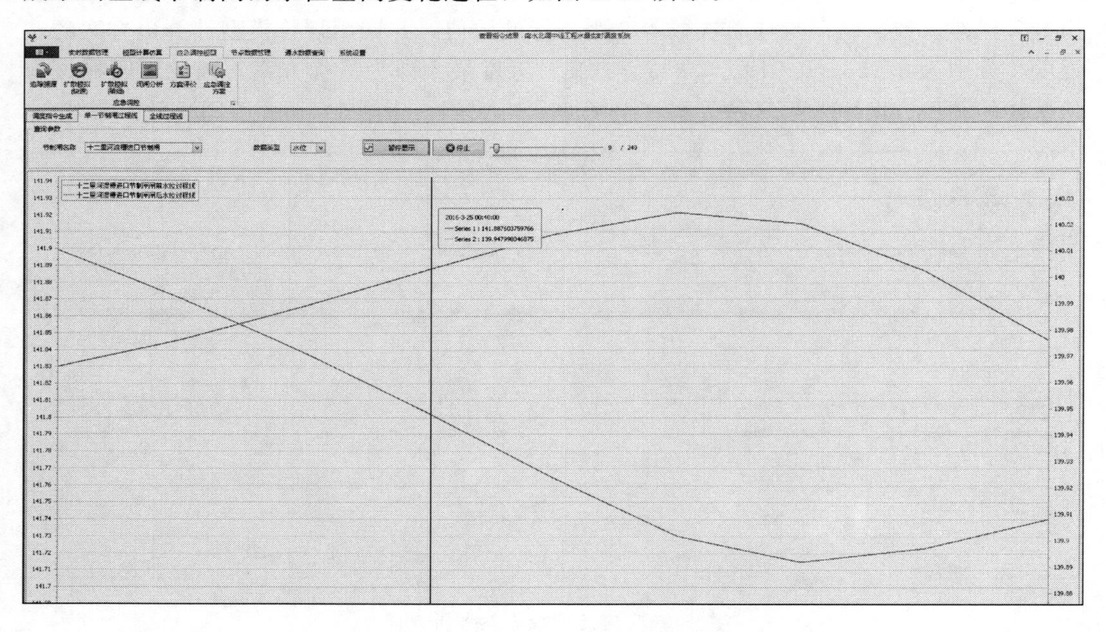

图7.17　十二里河节制闸闸前、闸后水位变化

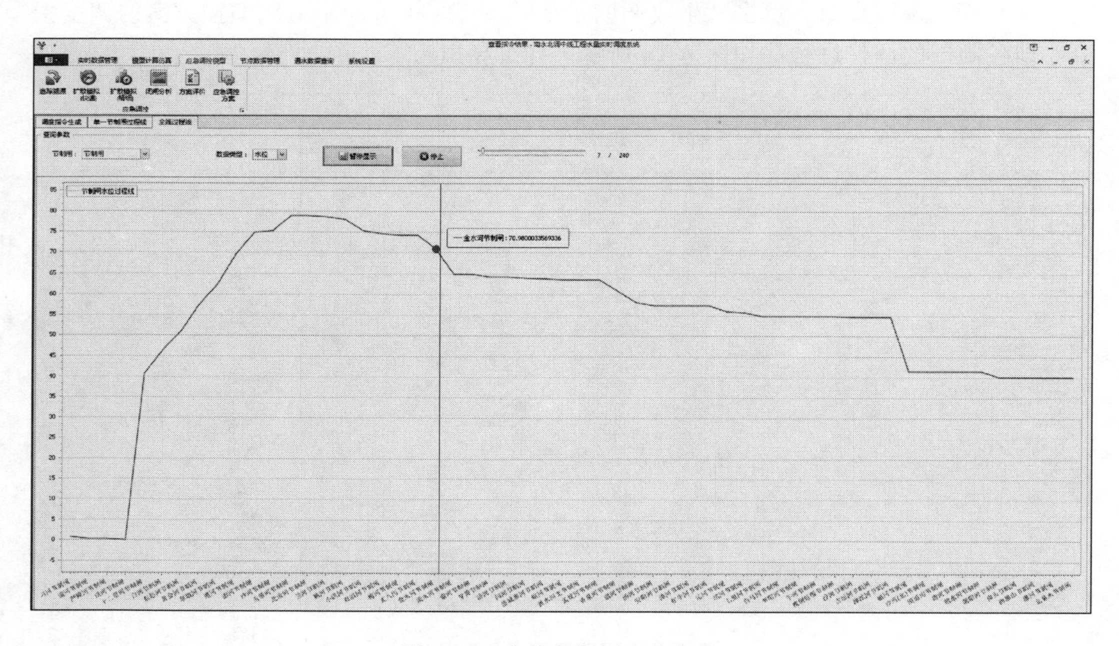

图7.18　全线节制闸水位变化

7.5 本章小结

本章重点针对如何集成追踪溯源、水质水量联合模拟预测、应急调度与闸群控制等关键技术，构建突发水污染应急调控指挥系统以支撑突发污染的应急调控进行了研究。

分析了突发水污染应急调控指挥系统的服务对象、系统框架、系统功能，并以一个已研发的突发水污染应急调控指挥系统实例，详细介绍了系统构建与功能实现，示范了如何结合信息化手段，应用关键技术实现对应急水质水量联合调控业务形成支撑。

第 8 章
结论与展望

8.1 结论

本书立足应急管理视角，开展了国内外研究现状调查与分析、长距离跨流域调水工程突发水污染应急调控模式及技术体系研究，并重点对输水干渠水力学模拟技术、突发水污染模拟预测技术、突发水污染追踪溯源技术、突发水污染闸门应急调控技术的研究成果进行了阐述，并详述了技术成果的集成与应用成果“突发水污染应急调控指挥系统”的框架、功能等。

本书针对南水北调中线输水渠系自身的特点，建立了一套应用于中线干渠的一维非恒定流水力学模型，对分水口、渐变段、倒虹吸、节制闸等不同水工建筑物组成复杂内边界进行了处理，能求解上下游水深或水量，以及水深流量关系等多种问题，模型具有很好的稳定性、收敛性和通用性。除此之外，本书还建立了弧形闸门闸孔淹没出流流量系数的系统辨识方法，进行过闸流量计算时，精度较高，且此种方法通用性强，可应用到具有原型观测数据的弧形闸门过闸流量计算中，为工程安全运行提供支撑。

针对调水工程突发水污染情况，构建了水污染模拟预测模型，对污染物沿河渠迁移转化规律进行模拟预测，为突发水污染应急处置提供关键技术。构建了基于均衡域差分离散方法的一维河渠水质计算模型，重点讨论了输水工程中 9 种常见污染物迁移转化规律的数值模拟方法，模型能模拟各种复杂水流条件和内边界条件下的污染物运移与分布。同时，为满足应急处置快速决策要求，提出了基于传质方程和经验公式的水污染快速预测方法，有助于决策者对污染事件中污染的分布与转移情况做出更为实时与高效的决策。

针对诸如南水北调等跨流域输水工程突发水污染源快速判别的需求，从确定性方法和概率方法两方面对包括常规追踪溯源在内的河渠快速追踪溯源技术进行了详细介绍与分析，并构建了基于耦合概率密度方法的一种更为综合与实用的快速溯源技术，并通过仿真案例和实例分析给出了突发水污染追踪溯源技术的应用过程和实践效果，与传统溯源技术相比，本书提出的溯源技术在计算精度和计算效率方面都体现出了一定的优势，可为跨流域输水工程突发污染快速溯源与应急处置提供技术借鉴。

针对输水工程的突发水污染应急工况，制定了一套完整的闸门调控规则。将应急工况下的渠段分为事故段上游、事故段下游及事故渠段，同时对不同的渠段的分水口、节

制闸、退水闸提出了不同的调控规则。退水闸的主要目的是保证水位不超过警戒水位。为了减小弃水量，只有当水位高于警戒水位时才开启退水闸。且为了延长事故段下游供水，尽可能不开启事故段下游退水闸。由于节制闸的调控影响到工程安全和水质安全，本文重点分析了节制闸同步闭闸和异步闭闸的优缺点，并针对事故渠段、事故渠段上游、事故渠段下游的可行性和调控目标，提出了事故渠段上游、事故渠段采取同步闭闸措施，而事故渠段下游采用异步闭闸措施的节制闸调控规则。

研究了事故渠段上游、事故渠段下游的自动控制算法，根据调控规则实现了事故渠段上下游渠段闸门在应急调控过程中的自动化控制，并能通过自动化控制技术满足渠池控制目标。由于事故段下游允许异步关闸，本文提出事故段下游主要采用前馈控制方式，并详细介绍了三种前馈蓄量补偿的控制思路。对于事故段上游，由于在同步闭闸之后需要实现渠池状态转换和水位稳定，因此还需要采用反馈控制。本书根据应急调控过程的水位非线性较大的特点提出了一种根据实时蓄量与目标蓄量进行实时反馈控制的方法，应用分析计算结果表明，本书中的方法能够很好地指导应急调控。

提出了在应急调控过程中可转换渠池运行方式的思路，并介绍了运行方式转变可行性的校验方法。在实例计算中分别计算了在闸前常水位运行和等体积运行方式下采取闸门自动控制后的水位和流量波动过程。结果表明，在等体积运行方式下，调控过程中水位波动较小，闸门开度调节较小，且水位的稳定时间较短。

针对如何集成追踪溯源、水质水量联合模拟预测、应急调度与闸群控制等关键技术，构建突发水污染应急调控指挥系统，以支撑突发污染的应急调控进行了系统研究。详细分析了突发水污染应急调控指挥系统的服务对象、系统框架、系统功能，并以一个已研发的突发水污染应急调控指挥系统实例，对如何借助信息化手段，应用跨流域调水工程突发水污染应急调控关键技术，构建突发水污染应急调控指挥系统，实现对应急水质水量联合调控业务的技术支撑进行了示范。

8.2 建议与展望

当前跨流域调水工程的应急管理体系仍略显薄弱，而工程的重要性及水质保障的迫切性，要求必须尽快从应急响应流程、管理体制、专业队伍、技术体系、基础设施等方面全力提高应急能力。

我国跨流域调水工程突发污染情况错综复杂，闸门联合下的水量调度可有力控制突发污染造成的损失，同时辅助以化学、物理等工程措施，将成为跨流域调水工程突发污染应急调控的关键技术所在。尽管如此，跨流域调水突发污染处置任务的艰巨超乎想象，关键技术仍有很大的发展空间。

监测体系方面，监测站网的代表性、合理性及站网密度等需要进行分析优化，监测数据是模型率定验证及模型驱动的基础，因此其准确性需要得到保障，就要去对监测设备进行校正。

水量水质耦合模拟方面，跨流域调水工程过水建筑物众多，复杂的内边界条件造成

渠道水流形态复杂，不仅影响到水动力学过程调控，同时也影响到渠道物质的对流扩散。因此，需要研发渠道水量水质一维、二维、三维耦合模拟模型，分析各类建筑物及渠道边壁对水流水质的影响，实现各种工况下水力学水质过程的精细模拟。

突发污染溯源方面，多数研究都是针对恒定或空间、时间变化较为缓慢的水流情况展开，对研究情景或多或少进行了一定的理想化处理，除了流场是否恒定外，还有污染物是否可溶、是否守恒、是否能准确监测、是否多源并发等问题都需要深入考虑。此外，污染源多点源和多河渠相连情况下的溯源研究仍然处于攻坚阶段，其中“异参同效”的问题严重制约了突发污染溯源关键技术的应用范围。未来的研究主要围绕以下几方面展开：①水污染发生后，如何准确快速地进行监测断面布设，最大效率地获取污染事件信息；②就非恒定流工况下，河渠污染物垂向与横向扩散作用对溯源结果影响作深一步分析，也可以对单点源连续排放、多点源排放或多河渠排放问题展开研究；③跨流域输水工程控制闸门、倒虹吸、泵站等内部建筑物中断了水流和污染物质运动的天然规律，应在不满足水流水质基本动力方程情况下，研究如何准确地进行快速溯源；④将遥感等“3S”技术应用于突发污染溯源过程中，研究结合一些航拍、遥感等监测手段实时佐证溯源信息，提高溯源精度和效率。

应急调控方面，不同污染物的扩散机理不同。我们必须针对多种潜在污染物质，开展污染物扩散特性研究，研发针对不同类型污染物的应急调度模式。此外，任一闸门动作都会影响到上下游渠池控制点水位，上下游闸门同时操作将会造成水位、流量波动的叠加，危及渠道安全运行，需分析多闸门联合运用下的明渠水力学响应特性，开展渠池间波动耦合机理研究，研发合适的渠道运行模式和闸群控制算法，提高输水安全性，提升输水效率。

应急调控指挥平台方面，应急调控平台不仅需要支持追踪溯源、水质水量联合模拟预测、应急调度与闸群控制等关键技术的集成，还需要和工程各类已有平台实现信息交互，并与各用水户快速共享信息，支持工程在应急工况下的智能调控。

参 考 文 献

[1] 陈成文，蒋勇，黄娟．应急管理：国外模式及其启示［J］．甘肃社会科学，2010（5）：201-206.

[2] 闪淳昌，周玲，方曼．美国应急管理机制建设的发展过程及对我国的启示［J］．中国行政管理，2010（8）：100-105.

[3] 李学举，杨衍银，袁曙宏．灾害应急管理［M］．北京：中国社会出版社，2005.

[4] B. Wayne Blanchard，Lucien G. Canton L. Cwiak，et al. Principles of Emergency Management. Working Paper，2007.

[5] 计雷．对于应急管理的几个认识阶段［J］．安全，2007，28（6）：4-5.

[6] 万鹏飞．美国、加拿大和英国突发事件应急管理法选编［M］．北京：北京大学出版社，2006.

[7] Steven Fink. Crisis Managenment：Planning for the Inevitable［M］．iUniverse，2000.

[8] 张成福．公共危机管理：全面整合的模式与中国的战略选择［J］．中国行政管理，2003（7）：5-10.

[9] 肖鹏军．公共危机管理导论［M］．北京：中国人民大学出版社，2006.

[10] Heath R. Dealing with the complete crisis：the crisis management shell structure［J］．Safety Science，1998，30（1-2）：139-150.

[11] Marra F J. Crisis communication plans：Poor predictors of excellent crisis public relations［J］．Public Relations Review，1998，24（24）：461-474.

[12] 夏保成．西方公共安全管理［M］．北京：化学工业出版社，2006.

[13] Rosenthal U，Charles M T，T Hart P，et al. From case studies to theory and recommendations：A concluding analysis.［J］．Coping with Crises the Management of Disasters Riots & Terrorism，1989：436-472.

[14] Simosi，Maria，Peter T Allen. Public Perception of Risk Management in Environmental Controversies：A U. K. Case Study［M］．Risk：Health，Safety&Environment，1998.

[15] Thomas S K，Cutter S L，Hodgson M E，et al. Use of spatial data and geographic technologies in response to the September 11 terrorist attack on the World Trade Center［J］．2002.

[16] Harrison C，Haklay M. The Potential for Public Participation GIS in UK Environmental Planning -Appraisals by Active Publics［J］．International Journal of Environmental Planning & Management，2002.

[17] LaPorte R，Sauer F，Camboa C，et al. Terrorism：the wpidemiology of fear. http：//www.pitt. Edu/superl/lecture/lec 5041/001. Htm.

[18] Henderson L J. Emergency and Disaster：Pervasive Risk and Public Bureaucracy in Developing Nations［J］．Public Organization Review，2004，4（2）：103-119.

[19] David Rooke，徐宪彪．英格兰和威尔士的洪水风险管理策略［J］．中国水利，2005（20）：49-51.

[20] 申海玲，程声通．环境风险评价方法探讨［J］．上海环境科学，1995（1）：35-36.

[21] 何建邦，田国良．中国重大自然灾害监测与评估信息系统的建设与应用［J］．自然灾害学报，1996，5（3）：89-104.

[22] 郭文成，钟敏华，梁粤瑜．环境风险评价与环境风险管理［J］．云南环境科学，2001，20

(12).

[23] 张成福.公共危机管理全面整合的模式与中国的战略选择 [J]. 中国行政管理，2003，(7)：48-54.

[24] 朱坦，刘茂，赵国敏.城市公共安全规划编制要点的研究 [J]. 中国发展，2003，(4).

[25] 刘茂，赵国敏，陈庚.建立城市公共安全系统的研究 [s]. 中国公共安全（学术卷），2005，(6)：25-32.

[26] 刘铁民.低概率重大事故风险与定量风险评价 [J]. 安全与环境学报，2004，4 (2)：114-123.

[27] 王学军.预警、反应与重建：当代中国政府危机管理体系的构建 [J]. 理论探索，2004 (4).

[28] 史培军，黄崇福，叶涛，等.建立中国综合风险管理体系 [J]. 中国减灾，2005，(1)，37-39.

[29] 刘铁民.低概率重大事故风险与定量风险评价 [J]. 安全与环境学报，2004，4 (2)：114-123.

[30] 魏臻武，石德军，杨立军，等.青海牧区风险管理策略的制定和实施内容 [J]. 草业科学，2004，21 (12)：11-16.

[31] 史培军，黄崇福，叶涛，等.建立中国综合风险管理体系 [J]. 中国减灾，2005，(1)，37-39.

[32] 黄崇福.综合风险管理的梯形架构 [J]. 自然灾害学报，2005，14 (6).

[33] 周健，黄崇福，薛晔.对中国综合风险管理机构体系建设的建议 [Z]. 自然灾害学报，2006，15 (1)：61-83.

[34] 薛晔，黄崇福，周健，等.城市灾害综合风险管理的三维模式：阶段矩阵模式 [J]. 自然灾害学报，2005，24 (6)：026-31.

[35] 于春全.落实“科技奥运”理念以智能交通管理手段确保高水平奥运交通服务 [J]. 交通运输系统工程与信息，2005，5 (4)：93-99.

[36] 吕建波，吴明谦.城市消防灭火突发事件应急预案信息系统建设 [J]. 中国科技信息，2005，(19)：109-120.

[37] 张维平.突发公共事件社会预警机制的建构基础 [J]. 西安交通大学学报（社会科学版），2006，26 (1)：61-69.

[38] 张继权，冈田宪夫，多多纳裕一.综合自然灾害风险管理：全面整合的模式与中国的战略选择 [J]. 自然灾害学报，2006，15 (1).

[39] 杨洁，毕军，李其亮，等.区域环境风险区划理论与方法研究 [J]. 环境科学研究，2006，19 (4).

[40] 沈荣华.城市应急管理模式创新：中国面临的挑战、现状和选择 [J]. 学习论坛，2006，22 (1)：79-83.

[41] 赵成根.国外大城市危机管理模式研究 [M]. 北京：北京大学出版社，2006：54-62.

[42] 林祥钦.防恐操作平台：美国对水坝人为破坏的防护策略 [J]. 大坝与安全，2003，(4).

[43] Cheng C Y，Qian X. Evaluation of Emergency Planning for Water Pollution Incidents in Reservoir Based on Fuzzy Comprehensive Assessment [J]. Procedia Environmental Sciences，2010，2 (6)：566-570.

[44] Saadatpour M，Afshar A. Multi Objective Simulation - Optimization Approach in Pollution Spill Response Management Model in Reservoirs [J]. Water Resources Management，2013，27 (6)：1851-1865.

[45] Dobbins J P. Development of an inland marine transportation risk management decision support

system [J]. 2001.

[46] 聂艳华. 长距离引水工程突发事件的应急调度研究 [D]. 长江科学院，2011.

[47] 魏泽彪. 南水北调东线小运河段突发水污染事故模拟预测与应急调控研究 [D]. 山东大学，2014.

[48] 闫雅飞，孙月峰，梅传书. 调水工程复杂适应系统构建及其应急管理途径分析 [J]. 企业导报，2014 (14)：87-87.

[49] 陈翔. 南水北调中线干线工程应急调控与应急响应系统研究 [D]. 中国水利水电科学研究院，2015.

[50] Streeter，H. W. Phelps，Earle B. A Sudy of the Pollution and Natural Prurification of the Ohio River [J]. U. S. Department of Health，Education，& Welfare，2005.

[51] 逄勇，韩涛，李一平，等. 太湖底泥营养要素动态释放模拟和模型计算 [J]. 环境科学，2007，28 (9)：1960-1964.

[52] 廖振良，徐祖信，高廷耀. 苏州河环境综合整治一期工程水质模型分析 [J]. 同济大学学报自然科学版，2004，32 (4)：499-502.

[53] 杨家宽，肖波，刘年丰，等. WASP6 预测南水北调后襄樊段的水质 [J]. 中国给水排水，2005，21 (9)：103-104.

[54] Liu F，Agrawal O P，Momani S，et al. Fractional differential equations：an introduction to fractional derivatives，fractional differential equations，to methods of their solution and some of their applications [M]. New York：Academic press，1999.

[55] Ruiz Carmona V M，Clemmens A J，Schuurmans J. Canal Control Algorithm Formulations [J]. Journal of Irrigation & Drainage Engineering，1998，124 (1)：31-39.

[56] 王长德，张礼卫. 自动闸门步进控制的设计原理 [J]. 中国农村水利水电，1997 (6)：20-22.

[57] 韩延成，周黎明. 远距离调水工程的调度运行研究 [C]. 山东水利学会优秀学术. 2004.

[58] 姚雄，王长德，丁志良，等. 渠系流量主动补偿运行控制研究 [J]. 四川大学学报（工程科学版），2008，40 (5)：41-47.

[59] 丁志良，王长德，谈广鸣，等. 渠系蓄量补偿下游常水位运行方式研究 [J]. 应用基础与工程科学学报，2011，19 (5)：700-711.

[60] 黄会勇，刘子慧，范杰，等. 南水北调中线工程输水调度初始控制策略研究 [J]. 人民长江，2012，43 (5)：13-18.

[61] 侯国祥，翁立达，张勇传，等. 数字流域技术与流域水环境综合管理 [J]. 水电能源科学，2001，19 (3)：26-29.

[62] 王惠中，宋志尧，薛鸿超. 考虑垂直涡粘系数非均匀分布的太湖风生流准三维数值模型 [J]. 湖泊科学，2001，13 (3)：233-239.

[63] 郭永彬，王焰新. 汉江中下游水质模拟与预测：QUAL2K 模型的应用 [J]. 安全与环境工程，2003，10 (1)：4-7.

[64] 杨家宽，肖波，刘年丰，等. WASP6 水质模型应用于汉江襄樊段水质模拟研究 [J]. 水资源保护，2005，21 (4)：8-10.

[65] 彭虹，郭生练. 汉江下游河段水质生态模型及数值模拟 [J]. 长江流域资源与环境，2002，11 (4)：363-369.

[66] 李志勤. 紫坪铺水库三维水质预警系统 [J]. 西南科技大学学报，2006，21 (2)：69-74.

[67] 程聪. 黄浦江突发性溢油污染事故模拟模型研究与应用 [D]. 东华大学，2006.

[68] 窦明，马军霞，谢平，等. 河流重金属污染物迁移转化的数值模拟 [J]. 水电能源科学，2007 (3)：22-25.

[69] 彭虹，张万顺，彭彪，等．三峡库区突发污染事故预警预报系统研究［J］．人民长江，2007，38（4）：117－119.

[70] 王庆改，赵晓宏，吴文军，等．汉江中下游突发性水污染事故污染物运移扩散模型［J］．水科学进展，2008，19（4）：50－54.

[71] 刘冬华，刘茂．突发水污染事故风险分析与应急管理研究进展［J］．中国公共安全：学术版，2009（1）：167－170.

[72] 张万顺，方攀，鞠美勤，等．流域水量水质耦合水资源配置［J］．武汉大学学报工学版，2009，42（5）：577－581.

[73] 蒋新新，李鸿，曹小洁．太湖自动监测站水质分析及影响评价［J］．水利信息化，2009（4）：43－46.

[74] 邓健，黄立文，王祥，等．三峡库区船舶溢油风险评价指标体系研究［J］．中国航海，2010，33（4）：90－93.

[75] 王薇，曾光明，何理．用模拟退火算法估计水质模型参数［J］．水利学报，2004，35（6）：61 -67.

[76] 李祚泳，邓新民，张欣莉，等．基于GA优化的水质评价的污染损害指数公式［J］．环境保护，2001，16（3）：24－26.

[77] 曹小群，宋君强，张卫民，等．对流—扩散方程源项识别反问题的MCMC方法［J］．水动力学研究与进展，2010，25（2）：127－136.

[78] 陈海洋，滕彦国，王金生，等．基于Bayesian－MCMC方法的水体污染识别反问题［J］．湖南大学学报（自科版），2012，39（6）：74－78.

[79] Keats A，Yee E，Lien F S. Efficiently characterizing the origin and decay rate of a nonconservative scalar using probability theory［J］．Ecological Modelling，2007，205（3－4）：437－452.

[80] Boano F，Revelli R，Ridolfi L. Source identification in river pollution problems：A geostatistical approach［J］．Water Resources Research，2005，41（7）：226－244.

[81] Katopodes N D，Piasecki M. Site and Size Optimization of Contaminant Sources in Surface Water Systems［J］．Journal of Environmental Engineering，1996，122（10）：917－923.

[82] Cheng W P，Jia Y. Identification of contaminant point source in surface waters based on backward location probability density function method［J］．Advances in Water Resources，2010，33（4）：397－410.

[83] 吴自库，范海梅，陈秀荣．对流—扩散过程逆过程反问题的伴随同化研究［J］．水动力学研究与进展，2008，23（2）：5－9.

[84] 闵涛，周孝德，张世梅，等．对流—扩散方程源项识别反问题的遗传算法［J］．水动力学研究与进展，2004，19（4）：520－524.

[85] 牟行洋．基于微分进化算法的污染物源项识别反问题研究［J］．水动力学研究与进展，2011，26（1）：24－30.

[86] 袁利国，邱华，聂笃宪．热传导（对流—扩散）方程源项识别的粒子群优化算法［J］．数学的实践与认识，2009，39（14）：94－101.

[87] 阮新建，刘自奎，蔡明贵，等．渠道运行控制数学模型及系统特性分析［J］．武汉大学学报（工学版），2002，35（2）：40－44.

[88] 阮新建，袁宏源，王长德．灌溉明渠自动控制设计方法研究［J］．水利学报，2004，35（8）：21－25.

[89] 丁志良，谈广鸣，陈立，等．输水渠道中闸门调节速度与水面线变化研究［J］．南水北调与水利科技，2005，3（6）：46－50.

[90] 方神光，吴保生，傅旭东．南水北调中线干渠闸门调度运行方式探讨［J］．水力发电学报，2008，27（5）：93-97.

[91] 张成，傅旭东，王光谦．南水北调中线工程总干渠非正常工况下的水力响应分析［J］．南水北调与水利科技，2007，5（6）：8-20.

[92] 聂艳华．长距离引水工程突发事件的应急调度研究［D］．武汉：长江科学院，2011.

[93] 杨开林，汪易森．南水北调中线工程渠道糙率的系统辨识［J］．中国工程科学，2012，14（11）：17-23.

[94] 余常昭．环境流体力学导论［M］．北京：清华大学出版社，1992.

[95] 韩龙喜，蒋莉华，朱党生．组合单元水质模型中的边界条件及污染源项反问题［J］．河海大学学报（自然科学版），2001，29（5）：23-26.

[96] 金忠青，陈金杭．二维对流—扩散方程反问题的求解［J］．河海大学学报（自然科学版），1993（5）：1-10.

[97] 陈媛华．河流突发环境污染事件源项反演及程序设计［D］．哈尔滨工业大学，2011.

[98] Demuren A O，Rodi W. Calculation of flow and pollutant dispersion inmeandering channelsjoural of Fluid Mechanics［J］．1985，172（11）：65-72.

[99] Jian Y，McCorquodate J A. Depth-averaged hydrodynamic model incurvilinear collocated grid. Journal of Hydraulic Engneering［J］．1997，123（5）：380-388.

[100] Sladkvich M. Simulation of transport phenomena in shallow aquatic environment. Journal of Hydraulic Engineering［J］．2000，126（2）：123-136.

[101] Zhu T T. Water quality model modeling of Deep Hollow Lake usingCCHE2D［C］．World Water & Environmental Resources Congress 2003，June23-26.

[102] 叶守权．水库水环境模拟预测与评价［M］．北京：中国水利水电出版社，1998.

[103] 雒文生，宋星原．用耦合模型进行水质随机模拟研究［J］．水利学报，1995，（3）：12-20.

[104] 庄巍，逄勇，吕俊．河流二维水质模型与地理信息系统的集成研究［J］．水利学报（增刊），2007，552-558.